KB178849

카르다노가 들려주는 확률 Ⅰ 이야기

수학자가 들려주는 수학 이야기 25

카르다노가 들려주는 **확률1** 이야기

ⓒ 김하얀, 2008

초판 1쇄 발행일 | 2008년 6월 17일
초판 25쇄 발행일 | 2022년 6월 3일

지은이 | 김하얀
펴낸이 | 정은영

펴낸곳 | (주)자음과모음
출판등록 | 2001년 11월 28일 제2001－000259호
주소 | 10881 경기도 파주시 회동길 325－20
전화 | 편집부 (02)324－2347, 경영지원부 (02)325－6047
팩스 | 편집부 (02)324－2348, 경영지원부 (02)2648－1311
e－mail | jamoteen@jamobook.com

ISBN 978－89－544－1561－3 (04410)

25 수학자가 들려주는 수학 이야기

카르다노가 들려주는

확률 1 이야기

| 김 하 얀 지음 |

㈜자음과모음

수학자라는 거인의 어깨 위에서
보다 멀리, 보다 넓게 바라보는 수학의 세계!

수학 교과서는 대개 '결과'로서의 수학을 연역적으로 제시하는 경향이 강하기 때문에 학생들은 수학이 끊임없이 진화해 왔다는 생각을 하기 어렵습니다. 그렇지만 수학의 역사는 하나의 문제가 등장하고 그에 대해 많은 수학자들이 고심하고 이를 해결하는 가운데 새로운 아이디어가 출현해 온 역동적인 과정입니다.

〈수학자들이 들려주는 수학 이야기〉는 수학 주제들의 발생 과정을 수학자들의 목소리를 통해 친근하게 이야기 형식으로 들려주기 때문에 학생들이 수학을 '과거 완료형'이 아닌 '현재 진행형'으로 인식하는 데 도움이 될 것입니다.

학생들이 수학을 어려워하는 요인 중의 하나는 '추상성'이 강한 수학적 사고의 특성과 '구체성'을 선호하는 학생의 사고의 특성 사이의 괴리입니다. 이런 괴리를 줄이기 위해서 수학의 추상성을 희석시키고 수학 개념과 원리의 설명에 구체성을 부여하는 것이 필요한데, 〈수학자들이 들려주는 수학 이야기〉는 수학 교과서의 내용을 생동감 있게 재구성함으로써 추상적인 수학을 구체성을 갖는 수학으로 변모시키고 있습니다. 또한 중간중간에 곁들여진 수학자들의 에피소드는 자칫 무료해지기 쉬운 수학 공부에 있어 윤활유 역할을 할 수 있을 것입니다.

〈수학자들이 들려주는 수학 이야기〉의 구성을 보면 우선 수학자의 업적을 개략적으로 소개하고, 6~9개의 강의를 통해 수학 내적 세계와 외적 세계, 교실 안과 밖을 넘나들며 수학 개념과 원리들을 소개한 후 마지막으로 강의에서 다룬 내용들을 정리합니다. 이런 책의 흐름을 따라 읽다 보면 각 시리즈가 다루고 있는 주제에 대한 전체적이고 통합적인 이해가 가능하도록 구성되어 있습니다.

〈수학자들이 들려주는 수학 이야기〉는 학교 수학 교과 과정과 긴밀하게 맞물려 있으며, 전체 시리즈를 통해 학교 수학의 많은 내용들을 다룹니다. 예를 들어 《라이프니츠가 들려주는 기수법 이야기》는 수가 만들어진 배경, 원시적인 기수법에서 위치적 기수법으로의 발전 과정, 0의 출현, 라이프니츠의 이진법에 이르기까지를 다루고 있는데, 이는 중학교 1학년의 기수법의 내용을 충실히 반영합니다. 따라서 〈수학자들이 들려주는 수학 이야기〉를 학교 수학 공부와 병행하면서 읽는다면 교과서 내용의 소화 흡수를 도울 수 있는 효소 역할을 할 수 있을 것입니다.

뉴턴이 'On the shoulders of giants'라는 표현을 썼던 것처럼, 수학자라는 거인의 어깨 위에서는 보다 멀리, 넓게 바라볼 수 있습니다. 학생들이 〈수학자들이 들려주는 수학 이야기〉를 읽으면서 각 수학자들의 어깨 위에서 보다 수월하게 수학의 세계를 내다보는 기회를 갖기를 바랍니다.

홍익대학교 수학교육과 교수 | 《수학 콘서트》 저자 박 경 미

세상의 진리를 수학으로 꿰뚫어 보는 맛
그 맛을 경험시켜 주는 '확률1' 이야기

"내가 이번 수학 시험에서 1등할 확률은 100%야!"

이렇게 말해 본 적이 있나요? 꿈같은 얘기라고요?

그럼,

"내가 이 문제의 답을 맞힐 확률은 99%야!"

라고 말하는 친구를 본 적은 있나요?

확률을 배우지 않은 학생들도, 그리고 확률이 뭔지 모르겠다는 친구들도 생활 속에서 이미 확률을 사용하고 있답니다. 확률은 우연 현상을 수학적으로 분석하고자 하는 열망에서 태어난 학문이에요. 앞날을 예측하는 데 도움을 주죠. 학문이라고 어렵게 생각하지는 마세요.

확률은 이미 선사시대부터 인류와 함께해 왔어요. 여러분이 가지고 노는 주사위는 신석기시대부터 사용해 왔고요. 확률의 역사는 도박의 역사이자, 주사위의 역사이기도 하답니다. 여러분이 중학생이라면 확률 단원에 주사위나 제비뽑기가 왜 이렇게 많이 나오는지 의아하게 여긴 친구가 있을지도 모르겠어요. 그건, 주사위나 제비뽑기가 확률의 시작이기 때문입니다. 확률은 이 놀이들을 연구하면서 생겨났고, 이를 통해서 발전해 왔거든요.

우리는 어떤 선택을 해야 할 때, 결정을 하기 힘들 때 '누군가가 이것을 결정해 주었으면'이라고 생각하죠. 이 선택의 시간에 도움을 받는 것이 확률이에요. 동전을 던지고, 그 결과에 따르기도 하죠. '동전의 앞면이 나왔다'는 우연한 일에 신의 뜻이라는 의미를 부여하기도 해요.

여러분은 일상생활 속에서 선택을 하거나 판단을 해야 할 때 이미 마음속으로 확률을 계산하고 있답니다. 혹시 '이미 알고 있다는 확률이 수학 시간에는 왜 그렇게 어려울까……'라고 생각하고 있나요? 단지 어려운 수학 문제라고 여기지 말고, 우리 생활 속의 문제를 해결하는 편리한 수단이라고 생각해 보세요.

이 책은 확률 이야기 제1권으로 초등학교, 중학교 학생을 대상으로 쓰였습니다. 실제 수업시간에 사용할 수 있도록 구성되었고요. 각 수업의 전반부는 도로시와 토토 그리고 카르다노의 여행 이야기로 꾸며져 있고, 후반부는 카르다노의 보충수업 이야기가 담겨 있어요. 전반부의 여행이야기만 읽어도 확률에 대해 충분히 알 수 있어요. 더 심화된 확률 이야기를 알고 싶은 친구는 보충수업까지 읽어 보세요.

이 책을 읽는 친구가 중학생이라면, 확률이 그저 수학 문제가 아니라 어떤 판단을 내리는 데 도움을 주는 도구라고 생각하며 읽어 보세요. 그리고 문제의 답을 암기한 공식에 대입해서 구하기 보다는 답이 나올 수 있는 경우를 생각하고 따져 보아서 문제를 해결하는 습관을 들여 보세요. 확률은 우리 곁에 있는 친근한 도구랍니다.

2008년 6월 김 승 태

차례

이 책은 달라요

《**카르다노**가 들려주는 **확률** 1 **이야기**》는 확률에 대한 이야기를 담고 있습니다.

확률은 선사시대부터 인류와 함께해 온 학문입니다. 선택의 기로에서 신의 뜻을 알아보거나 우연 현상을 분석할 때, 앞날을 예측하고 판단을 내리는 데 도움을 얻기 위해 연구되어 왔습니다. 이 책은 확률 이론이 발전하는 흔적을 따라 여행을 하면서 확률의 개념을 알아가고 실생활에 이용할 수 있도록 구성되어 있습니다.

확률을 그저 수학 공식에 대입하여 해결해야 할 계산 문제가 아닌 실생활에서 늘 사용하고 있는 편리한 도구라는 인식을 심어줄 것입니다.

② 이런 점이 좋아요

1 경우의 수나 확률은 공식에 대입해서 복잡한 계산을 해야 하는 골치 아픈 수학 문제가 아닙니다. 일상생활에서 어떤 현상을 선택하

고 예측, 판단하는 데에 도움을 주는 편리한 도구이지요. 이 책은 문제를 푸는 요령을 가르치기보다는 실생활에서 확률을 어떻게 활용할 수 있는지에 대해 알려 줍니다.

2 확률은 선사시대부터 인류와 함께해 온 학문입니다. 역사 속에서 확률이 어떻게 시작되었고, 주사위와 제비뽑기는 어떻게 이용되었는지 알아보면서 수학사의 발달 과정에 따라 학생들이 확률의 개념을 잡도록 합니다.

3 실생활에서 부딪히는 많은 문제들은 통계적 확률과 연관되어 있습니다. 통계적 확률은 교과서에서 간단히 다루어지고 있지만 이를 전면에 도입해 확률 개념을 익힙니다.

4 수학사에서 수학적 확률은 어떻게 발달되었고, 왜 필요한지를 공부합니다. 문제를 공정하게 해결하는 방법과 앞날을 예측하기 위한 수학적 모델을 찾기 위해 수학자들은 어떻게 확률을 연구하였는지 알아봅니다. 그리고 통계적 확률과 수학적 확률이 어떻게 연관되어 있는지도 살펴봅니다.

3 교과 과정과의 연계

구분	단계	단원	연계되는 수학적 개념과 내용
초등학교	6-나	경우의 수	경우의 수, 확률
중학교	8-나	확률	경우의 수, 확률의 뜻과 성질, 확률의 계산
고등학교	수1	확률과 통계	합사건, 곱사건, 여사건, 수학적 확률, 통계적 확률, 확률의 덧셈정리, 확률의 곱셈정리

4 수업 소개

첫 번째 수업 _ 헨리 삼촌 부부의 선물

경우의 수를 구하는 간단한 방법을 알아봅니다.

- 선수 학습 : 경우의 수

- 공부 방법 : 경우의 수를 정확히 헤아릴 줄 아는 것은 확률을 이해하는 데에 필수적입니다. 이는 확률에 대한 직관을 키울 수 있는 좋은 기회이므로, 확률 공부를 처음 시작하는 학생들이 순열이나 조합 공식에 숫자를 대입하는 방법부터 공부하는 것이 좋습니다.

- 관련 교과 단원 및 내용

  6-나 : 경우의 수, 8-나 : 확률

두 번째 수업 - 데프사의 왕국

도수적 관점의 확률에 대해서 공부합니다.

- 선수 학습 : 확률의 의미, 실험이나 관찰을 통해 확률을 구하기
- 공부 방법

－확률은 크게 도수적 확률과 수학적 확률로 구분할 수 있습니다. 실생활에서 부딪히는 많은 현상들몇 가지의 옷을 입을 것인지, 여행지 중 어느 곳으로 갈 것인지에 대한 선택 등은 실험이나 관찰을 통해서 직접 구해야 하는 도수적 관점의 확률과 관련이 있습니다.

－이번 수업을 통해서 현상을 실험하고 관찰하여 확률을 구하고 이를 이용해 그 현상을 예측하고 판단해 볼 수 있도록 합니다.

- 관련 교과 단원 및 내용

  6-나 : 경우의 수, 8-나 : 확률

세 번째 수업 - 내기의 나라 공평청

공정한 결정을 하기 위한 방법을 생각하고 수학적 확률을 구할 수 있습니다. 확률의 성질을 알고 확률의 합을 공부합니다.

- 선수 학습 : 공정함, 수학적 확률, 확률의 성질, 확률의 합
- 공부 방법 : 수학적 확률은 실험을 하는 전제 조건이 모두 같을 때 계산할 수 있습니다. 울퉁불퉁한 주사위로 점을 치거나 놀이를 하던 예전 사람들은 차차 공정한 방법을 찾기 위해 어떻게 해야 할지

를 고민했습니다. 그리고 각 면이 나올 가능성이 같은 주사위를 고 안하게 됩니다. 이전 수업에는 도수적 관점의 확률을 익힌 후 자연 스럽게 수학적 확률을 인식할 수 있도록 합니다.

• 관련 교과 단원 및 내용

  6-나 : 경우의 수, 8-나 : 확률

네 번째 수업 - 프로드의 사기 행각

큰수의 법칙에 대해 알고 확률의 곱을 구할 수 있습니다.

• 선수 학습

－큰수의 법칙

－확률의 곱

$$a \times a \times a \times \cdots \times a = a^n$$
$$\underbrace{\hspace{4cm}}_{n개}$$

: a가 n개 곱해져 있는 것을 a^n으로 표현합니다.

예를 들어, $3 \times 3 = 3^2$이고

$$\frac{1}{5} \times \frac{1}{5} \times \frac{1}{5} \times \frac{1}{5} \times \frac{1}{5} \times \frac{1}{5} \times \frac{1}{5} = \frac{1}{5^7} \text{또는} \left(\frac{1}{5}\right)^7 \text{이 됩니다.}$$

• 공부 방법 : 도수를 이용해 확률을 구하고자 할 때에는 되도록 많 은 자료를 수집해야 합니다. 전체 시행횟수가 클수록 도수적 관점 의 확률이 수학적 확률에 가까이 간다는 것을 이해할 수 있도록 합 니다.

또한 결과를 예측하고 판단하는 데 확률이 도움이 되기 위해서는 알아내고자 하는 상황과 같은 조건하의 자료를 토대로 확률을 구해야 합니다. 그러나 실제 생활에서 완전히 같은 조건의 자료를 얻는다는 불가능하지요. 따라서 최대한 비슷한 조건의 자료를 최대한 많이 찾고 이용하여 가능한 한 정확한 수학적 모델을 찾아 예측하는 능력을 키우도록 공부합니다.

- 관련 교과 단원 및 내용

  6-나 : 경우의 수, 8-나 : 확률

다섯 번째 수업 – 오즈의 왕국

일상생활에서 쓰이는 확률에 대해 알 수 있습니다.

- 선수 학습 : 생활 속의 확률
- 공부 방법 : 앞 수업시간에 배운 확률이 일상생활에서 어떻게 이용되는지 생각해보고 예측하고 판단하는 데에 확률을 적극적으로 이용할 수 있도록 공부합니다.
- 관련 교과 단원 및 내용

  6-나 : 경우의 수, 8-나 : 확률

카르다노를 소개합니다

Girolamo Cardano (1501~1576)

나는 수학자이자 의사,

사진기의 선구자이며 물리학자입니다.

여러 방면에서 뛰어난 업적을 남겼지요.

저의 대수학에서의 업적을

오늘날까지도 널리 알려져 있습니다.

 여러분, 나는 카르다노입니다

여러분과 함께 확률을 공부할 카르다노에요. 내 이름을 아마도 처음 들어 본 사람이 많을 겁니다. 나는 역사상 가장 기이한 수학자로 알려져 있어요. 하지만 여러분! 나는 개성이 강한 사람일 뿐 미치광이나 사기꾼이라고 오해하시면 안 됩니다. 내가 인류를 위해서 연구한 것들에 대해 들어 보세요. 아마 나에 대한 오해가 풀릴 거예요. 나는 여느 위대한 학자 못지않게 다방면에 걸쳐서 많은 연구를 했답니다. 평생에 걸쳐 200여 권의 책을 집필했죠.

우선, 여러분이 궁금해 하는 '내가 수학에서 어떤 업적을 남겼는지'에 대한 얘기부터 하죠. 나의 책 중 가장 유명한 저서는

《위대한 기술 Ars Magna》입니다. 이 책은 대수학을 다룬 최초의 라틴어 논문이에요.

여러분들은 '2차 방정식의 근의 공식'을 들어보셨나요? 2차 방정식의 해를 바로 구할 수 있는 공식이지요. 나는 앞의 저서에서 3차 방정식의 근의 공식을 발표했어요. 이것은 사실 타르탈리아가 발견했는데 발표는 내가 했어요. 그래서 사람들은 나를 두고 믿을 수 없는 사람이라 말하곤 하지요. 하지만, 그 훌륭한 공식을 세상에 알리는 것도 중요한 일 아닙니까?

나는 《위대한 기술》에서 음의 해에 관해서도 언급했어요. 여러분은 음의 해를 다뤘다는 것이 왜 대단한 일인지 이해가 되지 않겠지만, 그 당시로서는 음수인 해를 구하는 것은 혁신적인 아이디어였죠.

여러분은 확률을 공부하기 위해서 나를 만날 예정이죠? 여러분들이 일상적으로 사용하는 확률에 대한 개념을 처음 수학적으로 연구해서 확률론 연구의 시초가 된 책이 바로 내가 집필한 《게임의 확률이론》이랍니다.

나는 사실 도박에 관심이 많았어요. 하지만 내가 남들처럼 돈이나 벌어 보려고 도박에 탐닉했다고 생각하지는 마세요. 내가 도박을 시작한 것은 자신 있는 분야에서 활동하고 싶은 심정에 서였답니다. 그로 인해 오늘날 확률론의 시초를 마련하였으니, 인류를 위해서도 중요한 활동이었던 셈이죠.

나는 의사이기도 했어요. 알레르기 현상을 직관적으로 이해하고 치료하기도 했답니다. 또, 철학, 연금술을 연구하기도 했고, 물리학, 지질학에도 업적을 남겼어요. 점성술에도 관심이 있었고 이 때문에 이단으로 몰려 수감생활도 했어요. 하지만 확률은 사실 점성술과도 밀접한 관련이 있으니 결코 불필요한 연구는 아니었던 셈이죠. 석방된 후로는 물리학 협회 회원으로 활동하기도 했고, 한때 파비아 시의 시장이 되기도 했어요.

확률연구의 시초를 마련한 사람으로서 여러분들과 즐겁게 확률을 공부해 보려고 해요. 도로시, 토토와 함께 하는 확률 여행 ~! 출발해 볼까요?

나는 체스나 도박도 즐겼습니다.

도박에서 카르다노를 당해 낼 수가 없어.

나는 도박을 하면서 얻은 확률의 지식으로 《게임의 확률 이론》이란 책을 써냈죠.

확률 이론을 수학적으로 연구하게 된 시초를 마련했습니다.

나는 수학자와 의사뿐만 아니라 파비아의 시장까지 지냈으며 점성술사이기도 했습니다.

나는 1576년 9월 20일 죽게 될 거야.

나는 내 예언대로 1576년 9월 20일 생을 마감했습니다.

카르다노

카르다노를 소개합니다

헨리 삼촌 부부의

선물

여러 가지 선택을 할 수 있을 때,
그 모든 가짓수를 경우의 수라고 합니다.

첫 번째 학습 목표

1. 간단한 경우의 수를 구할 수 있습니다.

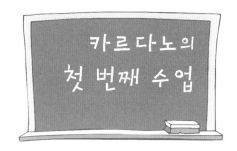

카르다노의
첫 번째 수업

"도로시! 삼촌 오셨다!"

도로시는 오늘을 얼마나 기다렸는지 모릅니다. 늘 쾌활하고 긍정적인 도로시는 고아원에서도 항상 즐거운 생활의 연속이었습니다. 하지만 마음 한구석에는 가족을 갖고 싶은 생각이 간절했습니다. 그런데, 오랫동안 자식이 없었던 헨리 삼촌 부부가 도로시를 데려다 키우기로 한 것입니다.

삼촌은 생각만큼 멋진 분이셨습니다. 상상 속의 삼촌보다 체

격은 좀 작았지만, 목소리는 정말 멋졌습니다. 삼촌 댁으로 가는 기차 안에서 도로시는 쉴 새 없이 이야기를 했습니다.

"톰슨 고아원은 좋은 곳이었어요. 저처럼 수다스럽고 말썽쟁이인 아이를 내쫓지 않았으니까요. 선생님들도 참 좋으신 분들이에요. 삼촌도 좋은 분이신 것 같아서 기분이 너무 좋아요. 제가 상상해 왔던 분 그대로예요. 키가 좀 작으신 것 빼고는요.

엠 숙모는 어떤 분이세요? 얼굴은 하야신가요? 웃음은 많으시죠? 벽난로는 있나요? 제 방은 어떻게 생겼나요? 침대에 하얀 레이스는 있나요? 제 방 커튼은 황금색인가요?"

헨리 삼촌은 미소를 머금고 도로시의 이야기를 듣고 계셨습니다.

"허허, 한 가지씩 물어보거라. 숙모는……. 처음 캔자스에 왔을 때는 정말 예뻤지. 얼굴도 하얬고.

아, 우리가 가고 있는 곳이 캔자스라는 지방이란다. 그곳에서 나와 숙모는 농사를 짓고 있지. 우리가 사는 지역은 바람이 많고 큰 회오리바람이 불어올 때도 많아. 숙모는 그 예뻤던 얼굴이 많이 상했단다. 강렬한 태양 아래에서 늘 바람을 맞으면서 농사일을 하다 보니 그리 되었지. 처음 캔자스에 왔을 때는 너처럼 웃음도 많았단다. 그런데 힘든 일을 하다 보니, 웃음도 줄어들더구나. 난, 네가 숙모의 웃음을 되찾아 줄 수 있을 것 같은 생각이 든다.

그리고 우리 집은……. 네가 실망할지도 모르겠구나. 아주 작은 집이고 살림도 그다지 넉넉하지는 못하단다. 아직 네 방도 마련하지 못했고, 하얀 레이스도 없으니 어쩌지? 한 가지는 다행이구나. 벽난로가 있단다."

상상 속의 집과 많이 다르다는 삼촌의 말에도 도로시는 전혀 실망하지 않았습니다. 이렇게 친절하고 멋진 삼촌과 가족이 되었다는 사실에 그저 감사한 마음뿐이었습니다. 그리고 엠 숙모도 틀림없이 좋은 분이실 거라는 생각이 들었습니다.

삼촌과 쉴 새 없이 이야기를 나누다 보니, 어느덧 캔자스에 도착했습니다. 다시 마차를 타고 달려 넓은 초원에 이르자 저 멀리에 집 한 채가 보이기 시작했고, 숙모로 보이는 분이 고개를 길게 빼고 우리 마차를 바라보고 계셨습니다. 마침내, 집에 도착한 도로시는 큰 소리로 웃으며 엠 숙모께 인사를 드렸습니다.

"안녕하세요! 엠 숙모! 만나 뵙게 돼서 정말 반가워요. 그리고 저를 가족으로 맞아주셔서 감사합니다!"

숙모는 힘든 일에 지쳐 보이는 얼굴이었습니다. 그리고 도로시의 큰 목소리와 웃음소리에 너무 놀라 한 손으로 입을 막고 계셨습니다. 그러나 도로시의 쾌활한 모습이 싫지만은 않은 표정이었습니다.

삼촌의 말씀대로 집은 정말 작았습니다. 문을 열고 들어서니 식사를 할 때 쓰이는 것 같은 탁자와 한쪽에 놓인 침대가 가구의 전부였습니다. 문 옆에는 벽난로가 있었는데, 도로시가 이제껏 본 벽난로 중에서 가장 작은 것이었습니다. 살림 도구들도 모두 낡아서 한눈에도 넉넉지 않은 살림임을 알 수 있었습니다.

하지만 도로시는 초라한 삼촌댁의 모습에 실망하기는커녕 너무 좋아서 '꺄악~~'하고 소리를 지르고 말았습니다. 침대 옆에 도로시가 상상 속에서 보았던 그 동그란 창문이 있었기 때문입니다. 도로시는 후다닥 뛰어가 창문 밖을 내다보았습니다. 동그란 창문을 통해 펼쳐진 넓은 초원이 앞으로 도로시의 행복한 상상의 공간이 될 것 같았습니다.

도로시가 도착한 첫날 밤, 삼촌 부부는 하나뿐인 침대를 도로시에게 내 주셨습니다. 도로시는 침대에 누워 창문을 통해 보이는 밤하늘을 바라보며 다가온 행복을 곱씹다 보니 어느새 깊은 잠에 빠졌습니다.

다음날 도로시는 눈을 두드리는 햇빛에 어렴풋이 눈을 떴습니다. 행복한 아침을 좀 더 누리고 싶어서 가만히 누워 창문을 내다보고 있는데 저쪽에서 삼촌과 외숙모께서 작은 소리로 나누는 이야기가 들려왔습니다.

"당장 도로시가 잘 방도 없고, 침대도 없으니……. 도로시가 갖고 온 가방을 열어 보았는데 옷이라고는 입고 온 것 외에 윗도리 두 벌하고 치마 한 벌밖에 없어요."

"휴우……, 어쩌지? 우리에게 있는 돈이라고는……."

"막상 데리고 오기는 했는데, 걱정이네요……. 하지만 데려온 것을 후회할 일은 없을 거예요. 도로시는 정말 사랑스러운 아이에요."

도로시는 철없이 좋아하기만 했던 자신이 너무 부끄럽고 죄송스러웠습니다. 또 계속 몰래 듣고 있는 것이 마치 죄를 짓고 있는 것 같아서 얼른 소리를 내었습니다.

"하아!! 잘 잤다! 삼촌, 숙모!! 좋은 아침이에요!!"

도로시가 너무 큰 소리를 내었기 때문에 두 분 모두 깜짝 놀라셨고, 외숙모는 또 입을 막고 계셨습니다.

"아이고, 깜짝이야. 도로시, 외숙모는 어제부터 네 목소리에 계속 놀라고 있구나. 좀 작게 말해주지 않겠니? 그건 그렇고, 아침 먹고 캔자스 시내 구경을 해 볼래?"

시내 구경을 한다는 생각에 도로시는 숙모가 차려주신 아침을 먹는 둥 마는 둥 하고는 외출할 채비를 마쳤습니다. 시내의 풍경을 생각하는 기쁨에 숙모 내외께 죄스런 마음이 생겼던 것도 잊고 말았습니다.

노래를 부르며 도착한 시내에는 온갖 희한한 것들로 가득했습니다. 처음 도착한 곳은 놀이공원이었습니다. 생전 처음 와 보는 놀이공원에는 온갖 놀이기구가 있었습니다. 놀이기구를 타는 아이들은 소리를 꽥꽥 지르면서 신나게 즐기고 있었습니다. 삼촌은 그런 아이들을 부러움이 가득한 표정으로 바라보는 도로시에게 미안한 생각이 들었습니다. 그리고 손 안에 쥐고 있는 얼마 안 되는 돈을 자꾸만 들여다보셨습니다. 도로시도 그런 삼촌을 보니 이렇게 부러운 표정만 짓고 있는 자신이 너무 부끄러웠습니다.

"에이, 이제 재미없어요. 삼촌, 우리 다른 곳에 가 봐요."

마음에 없는 말을 하고는 삼촌 손을 이끌고 돌아서는데, 매점

옆의 가게에 사람들이 북적이는 광경이 보였습니다. 힐끗 쳐다 보니 그곳은 로또 복권 가게였고, 가게의 문에는 큰 글씨로 '지난주 1등 당첨 로또 판매소'라고 쓰여 있었습니다. 사람들은 지난주 1등에 당첨된 복권이 이곳에서 판매되었다는 소문을 듣고 로또를 사기 위해 몰려든 것입니다.

도로시는 고아원을 떠나올 때 선생님이 주신 동전을 만지작거렸습니다. 로또에 1등으로 당첨만 된다면 삼촌이 행복해지실 것 같았습니다. 어린이는 로또를 살 수 없기 때문에 삼촌께 동전을 드리면서 사 주시라고 했습니다. 삼촌은 빙그레 웃으시면서 로또를 사 오셨고 도로시는 삼촌께 그것을 선물로 드렸습니다. 웬지 당첨될 것만 같은 느낌이 들었고 삼촌께 큰 선물을 한 듯한 뿌듯함이 느껴져 발걸음은 가벼웠습니다.

흥얼흥얼 대며 걷다 보니 도로시는 어느덧 한적한 길로 들어섰습니다. 그런데, 그 한적한 길에 자동판매기 같기도 하고 오락기 같기도 한 기계가 덩그러니 놓여 있었습니다. 도로시가 그 옆을 지나칠 때 기계의 불빛이 환하게 들어왔습니다. 화면에 '소원성취기계'라고 써지더니 도로시가 기계 앞으로 다가가자 '소원을 말하시오'라는 글로 바뀌었습니다. 도로시는 이 넓은 놀이공원에서 이 기계만이 자신을 반기는 것 같아 혼잣말을 했습니다.

"고마워. 나를 맞아 줘서. 내 소원은 음……. 우리 삼촌과 숙모가 행복해지셨으면 좋겠어. 로또가 1등에 당첨되면 행복해지실 것 같아."

도로시의 말이 끝나자 화면의 글씨가 '소원 접수되었음'이라고 바뀌었습니다. 도로시는 한편으로는 신기했지만, 동전을 넣지도 않았기 때문에 피식 웃고 말았습니다. 저 앞에서 삼촌이어서 오라고 부르셔서 삼촌께로 뛰어가다가 다시 기계를 돌아보았습니다. 그런데 기계의 불빛은 언제 그랬냐는 듯 꺼져 있었습니다.

삼촌 손을 잡고 도착한 곳은 온갖 희한한 물건들로 가득한 시장이었습니다. 이것저것 둘러보느라 뛰어다니는 도로시를 삼촌이 부르셨습니다.

"도로시!! 이리 오려무나. 여기 있는 것 중에 하나를 골라 보렴."

삼촌이 부르신 곳으로 달려가 보니, 그곳에는 작은 동물들이 있었습니다. 삼촌 내외가 농사를 지으러 나가시고 나면 집에 혼자 남겨질 도로시를 걱정하다 생각해 낸 것이었습니다.

"와!! 강아지다!! 고양이도 있네. 이건 햄스터예요!!"

"그래. 강아지가 세 마리, 고양이가 네 마리, 햄스터가 두 마리구나. 같은 강아지라도 다 다르게 생겼어. 도로시에게는 선택권이 아홉 개나 있는걸."

"어휴, 다 너무 예뻐서 고르기 힘들어요."

도로시는 까만 털에 큰 눈을 말똥말똥 뜨고 자신을 뽑아 달라는 듯 바라보며 잠시도 가만 있지 않는 강아지를 골랐습니다. 목에는 작은 주머니를 달고 있었고 그 주머니에는 토토라고 쓰여 있었습니다. 그래서 이제부터 이 강아지를 토토라고 부르기로 했습니다.

삼촌네가 어려운 살림인 것을 뻔히 알면서도, 도로시는 자신을 간절히 쳐다보는 이 귀여운 강아지의 눈길을 뿌리칠 수가 없었습니다. 죄송스런 마음을 내색하지 않고 얼마나 감사하고 기쁜지를 알려드리고 싶어서 더욱 흥얼흥얼 노래를 부르며 시장 구경을 계속했습니다. 토토도 도로시의 마음을 아는지 탐스런 꼬리를 살랑살랑 흔들면서 도로시를 쫓아왔습니다.

다음에 도착한 곳은 옷을 파는 곳이었습니다. 이 가게, 저 가게를 둘러보던 삼촌은 여자 아이 옷을 파는 가게 앞에서 멈추셨습니다.

"도로시, 옷을 한번 골라 보렴. 저 파란 블라우스도 예쁘고, 이 노란 바지도 예쁘구나."

"삼촌, 저 옷 많아요. 이 옷들 정말 예쁘지만요, 토토가 있으니까 옷은 안 사도 되요."

"옷이 별로 없잖니. 골라 보려무나."

"저한테는 윗도리가 하얀색, 빨간색, 연두색 세 개가 있고요, 치마는 핑크색, 파란색 두 개가 있어요. 그럼 보세요. 하루는 하얀색 블라우스에 핑크색 치마, 그 다음날은 치마만 갈아입으면, 하얀색 블라우스에 파란색 치마, 그 다음날은 빨간색 블라우스에 핑크색 치마, 다음은 빨간색 블라우스에 파란색 치마, 다음날은 연두색 블라우스에 핑크색 치마, 마지막으로 연두색 블라우스에 파란색 치마를 입어요. 그럼, 6일 동안 매일 다른 옷을 입을 수 있답니다."

도로시는 환하게 웃으면서 자랑스럽게 말했습니다.

"허허, 그렇게 되는구나. 하지만, 바지가 없으니까 바지 하나만 사자꾸나. 이 노란색 바지 어떠니? 난 이 바지가 마음에 드는구나. 이걸 입으면 네가 더 마구 뛰어다닐 것 같아서 걱정스럽긴 하지만 말이다."

옷을 사지 않겠다고는 했지만, 노란 바지는 정말 마음에 들었습니다. 고아원에서는 여자아이들이 바지 입고 뛰어다니는 것을 허용하지 않았기 때문에 도로시의 머릿속에는 벌써 노란색 바지를 입고 초원을 뛰어다니는 모습이 가득했습니다.

"이 바지를 사면 이제 도로시는 윗도리가 세 벌, 아랫도리가 세 벌이 되는구나. 그럼, 도로시는 9일 동안 매일 다른 옷을 입을 수 있겠네."

결국 또 바지를 사게 되었습니다. 토토도 노란 바지도 너무너무 감사할 뿐입니다. 오늘은 너무나 행복한 날이었습니다. 삼촌 손을 잡고 흥얼거리면서 집으로 가다 보니 어느덧 날이 저물었습니다. 멀리 지평선 너머로 사라지는 태양이 남긴 황금빛 노을을 바라보며 도로시는 행복감에 가슴이 벅찼습니다.

톰슨 고아원을 떠나 이곳 캔자스의 삼촌 댁에 오게 된 어제, 그리고 활기차고 진기한 물건이 가득한 시내 구경을 한 오늘이 꿈만 같았습니다. 도로시는 앞으로 또 어떤 미래가 펼쳐질까를 상상하며 즐거워했습니다. 토토도 삼촌, 도로시와 함께 살게 된 것을 즐거워하는지 즐겁게 짖어댔습니다.

다음날 아침, 숙모가 도로시를 흔들어 깨우셨습니다. 언제 일어나셨는지 일하러 나가실 채비를 다 하셨습니다.

"도로시, 숙모하고 삼촌은 일하러 가야겠구나. 새 식구를 맞느라 이틀 동안 농사일을 못해서 많이 밀렸단다. 여기 빵 구워놨으니 먹고 혼자 있을 수 있지? 밖에서 놀 때는 항상 바람을 조심해야 한단다. 회오리바람이 불어올 때가 많으니까, 바람이 심하게 부는 것 같으면 얼른 집안으로 들어와야 한다."

도로시는 얼른 일어나서 기쁜 아침을 맞이했습니다. 토토와 함께 숙모와 삼촌을 배웅하고 두 분이 안 보일 때까지 손을 흔들었습니다. 토토는 무엇이 그리 신났는지 이리저리 뛰어다녔습니다.

그때였습니다. 저 멀리서 회오리바람이 불어오는 것이 보였습니다. 처음 보는 회오리바람에 도로시는 입이 떡 벌어졌습니다. 정말 무서운 기세로 이쪽으로 다가오고 있었습니다. 아무것도 모르는 토토는 여전히 이리저리로 뛰어다니고 있었습니다. 그런 토토를 겨우 잡아서 집안으로 들어와 문을 닫았습니다.

도로시는 토토를 꼭 껴안고 앉아서 회오리바람이 어서 지나가기를 기다렸습니다. 그런데, 갑자기 '쿵' 하는 소리와 함께 집 전체가 덜컹거렸습니다. 도로시는 균형을 잃고 뒹굴어 버렸고, 토토도 놀랐는지 마구 짖기 시작했습니다.

그런데 정말 놀라운 일이 벌어졌습니다. 도로시네 집이 하늘 위로 붕 떠오른 것입니다. 하늘 위에서 두세 번 돌던 집은 점점 더 높이 올라갔습니다. 덜컹거리는 집안에서 이리저리 굴러다니던 도로시는 어느 정도 시간이 지나자 점차 균형을 잡을 수 있었습니다.

그리고 침대 옆 동그란 창문으로 다가가 아래를 내려다보았습니다. 저 아래에 도로시네 집이 있던 자리가 보였는데, 마치 원래부터 아무것도 없었던 것처럼 너른 마당만이 있었습니다. 그리고 저 멀리에는 도로시가 이렇게 집과 함께 날아와 버린 것도 모르고 초원에서 일하고 계신 숙모와 삼촌이 까마득히 보였습니다. 목이 터져라 삼촌과 숙모를 불러 보았지만 아무 소용이 없었습니다.

얼마나 시간이 지났을까, 집은 도대체 내려갈 기미를 보이지 않았습니다. 도로시는 이제 둥둥 떠다니는 집에 완전히 적응된 것 같았고 토토도 지쳤는지 짖지도 않고 가만히 웅크리고 앉아 있습니다. 도로시는 침대에 누워 보았습니다. 이 와중에도 너무나 졸려서 참을 수가 없었던 것입니다. 그리고 깊은 잠 속에 스르르 빠져들었습니다.

한참 자던 중에 누군가 툭툭 건드리며 도로시를 불렀습니다.

"도로시, 이제 그만 자고 일어나지?"

얼핏 정신이 든 도로시는 지난 일이 꿈처럼 생각났습니다. 집이 회오리바람에 떠올라서 둥둥 떠다녔고, 너무 졸려 침대에 누웠는데……. 꿈이었나? 아냐, 여전히 집이 흔들리고 있잖아. 그럼, 지금 나를 깨우고 있는 건 누구지?

갑자기 화들짝 잠이 깨어 일어났습니다. 그러자 동그란 창문에 걸터앉아 있는 까맣고 작은 사람이 눈에 띄었습니다.

"잘 잤니?"

너무 놀라 정신이 없던 도로시는 고개를 흔들어 정신을 차리고 그 작고 까만 사람을 다시 보았습니다. 이건 어디서 보던 얼굴인데……? 그러고 보니 토토가 없잖아?

"앗, 토토! 너 토토니?"

작은 사람인 것 같았지만, 이건 토토가 변장한 것임이 확실했습니다.

"이제야 정신이 들었나 보군. 그래. 나 토토야. 휴, 널 데리고 오느라 좀 힘들었다. 난 앞으로 너의 여행을 도울 요정이야."

도로시는 순간 '풋!' 하고 웃고 말았습니다. 이렇게 못생기고 까만 요정은 상상 속의 요정과 너무 달랐고 심지어 우스꽝스럽게 느껴졌기 때문입니다.

"웃지 말라고. 나도 내가 평균적인 요정들과 좀 다르다는 건 알아. 못생겼다고 생각할지 모르지만, 예쁘기만 한 요정들보다는 실력이 좋으니까 믿어도 될 거야. 아무튼 네가 깨기만을 기다리다가 시간이 너무 지체되었어. 이제 곧 이 집이 도착할 거야."

토토는 손목시계처럼 생긴 기계를 한번 바라보고는 여전히 입을 벌리고 어리둥절해 하는 도로시에게 설명을 이어갔습니다.

"나는 오즈 나라의 요정이야, 흐흠. 네가 소원접수 기계에 소원을 말한 순간 난 너에게 배정되었어. 이제 너의 소원을 성취하기 위한 여행이 시작될 거야. 그리고 수호요정 수칙 제 1번에 따라 앞으로의 여행에서 너를 위해 최선을 다할 것을 약속할게. 어떤 곳을 여행할지는 나도 몰라. 필요한 것들은 오즈님이 이 마법 수신기를 통해서 모두 알려주실 테니까 걱정은 안 해도 될 거야.

아, 오즈님은 오즈 나라의 최고 마법사님이란다. 그리고 또 한 명 올 사람이 있는데……"

토토는 목에 걸고 있던 주머니에서 파란색 가루를 한 웅큼 꺼내

"뿌까뿌시카르다노도로시!!"

라고 외치며 벽난로에 뿌렸습니다. 그러자 '펑!' 하는 소리와 함께 벽난로 속에서 연기를 뚫고 누군가 걸어 나왔습니다.

콜록콜록~ 에구에구…….

"누… 누구세요, 삼, 삼촌??"

이제 그만 놀랄 법도 한데 도로시는 정말 깜짝 놀라서 뒤로 물러났습니다. 벽난로에서 나온 사람은 옷에 묻은 재를 털며 약간 날카로운 목소리로 말했습니다.

여기 수호요정은 누구야? 아, 토토로군. 뭐야, 아직 설명도 안 한 게야? 난 삼촌이 아니라 오즈 나라 마법부 소속 수학자 카르다노라고 하네. 이번에 도로시를 도우라는 쪽지를 받고 기다리고 있었지. 내 소개는 차차 하기로 하고. 시간이 많이 지체된 것 같은데, 토토, 수신기를 살펴보게. 시간이 다 되지 않았나? 난

많이 바쁜 사람이라고.

  벽난로에서 나온 카르다노라는 수학자는 어딘지 낯설지 않은
얼굴이었습니다. 도로시는 목소리가 삼촌인 것 같은 착각이 들
어 뚫어져라 쳐다보았습니다. 그때였습니다. 토토의 손목에서
'삐익~' 하는 소리가 났고, '쿵!' 하면서 집이 어디엔가 내려앉
는 느낌이 들었습니다.

경우의 수

"아침 6시까지 여기로 모이라고 하시더니 왜 안 오시는 거야……."

새벽잠을 설친 토토는 졸린 눈을 비비면서 투덜댑니다. 오늘은 카르다노 선생님과의 확률 수업 첫 시간인데, 웬일인지 선생님은 교실을 두고 이곳 서울 고속버스 터미널로 모이라고 하셨습니다. 도로시도 카르다노 선생님께 수업을 받는다는 설렘에 어젯밤을 뜬눈으로 지새웠기 때문에 하품이 나왔습니다. 그때, 저쪽에서 카르다노 선생님이 오시고 계셨습니다.

"선생님~~!! 안녕하세요!!"
"6시까지 오라고 하시더니, 지금 10분이나 지났잖아요~"

허허, 토토가 기다리느라 지친 모양이구나. 사실, 난 6시 훨씬 전에 왔단다. 오늘 우리가 타고 갈 버스를 알아보느라 좀 지체된 거지.

"오늘 우리 어디 가요?"

음……. 미리 예약을 안 했더니, 현재 표를 구할 수 있는 곳이 산은 설악산, 지리산, 월출산이 있고, 바다는 해운대, 만리포가 있어. 어디로 갈까?

아, 잊을 뻔했군. 우리는 확률 수업을 하려고 모인 거잖아? 용어 설명을 먼저 해 볼게. 용어가 좀 어려울 수도 있겠지만, 그냥 일상생활에서 일어나는 일을 생각해 보면 어려운 용어가 아니라는 걸 알게 될 거야.

실험이나 관찰의 결과를 **사건**이라고 하고, 사건이 일어나는 가짓수를 **경우의 수**라고 해.

음……. 토토, 무슨 말인지 도통 모르겠다고? 이렇게 생각해 보자. 지금 우리가 여행을 떠나려고 하고 있잖아. 산으로 가는 사건의 경우의 수는 3, 바다로 가는 사건의 경우의 수는 2라고 할 수 있지.

자, 다시 본론으로 돌아가서, 어디로 갈까?

"에휴, 너무 많아서 못 고르겠어요."

"정리를 해 보면······. 우리는 3＋2, 그러니까 5가지 선택권이 있는 거고요. 어디가 좋을까······? 지금 수영복도 없으니까 바다는 좀 힘들 것 같아요. 설악산, 월출산은 이미 가 봤거든요. 지리산으로 가요!"

그래, 도로시 의견을 따르도록 하자. 그런데, 도로시가 아주 잘했구나. 뭐가 잘했냐고? 음······. 선생님이 이야기하려던 걸 그냥 도로시가 해 버렸어. 하하.

지금 우리는 여행지 중에 한 곳에 가려는 거잖아. 이처럼 산으로 가는 사건과 바다로 가는 사건이 동시에 일어나지 않을 때 산으로 가는 사건, 또는 바다로 가는 사건의 경우의 수는 각각의 경우의 수의 합으로 나타나지. 즉,

두 사건 A, B가 동시에 일어나지 않을 때,

사건 A가 일어나는 경우의 수를 m, 사건 B가 일어나는 경우의 수를 n이라고 하면,

사건 A 또는 사건 B가 일어나는 경우의 수는

$$m+n$$

이 된단다.

산으로 가는 경우의 수는 3이고, 바다로 가는 경우의 수는 2이니까, 우리가 산 또는 바다로 갈 수 있는 총 경우의 수는 3+2가 된다. 도로시가 잘 생각했다.

그럼, 우린 지리산으로 가기로 정하고…….

카르다노는 터미널의 매표소에 적힌 표를 보면서 말했습니다.

　그런데, 지리산으로 가기 위해서는 대전까지 가서 중간에 버스를 갈아타야 하는구나. 여기에서 대전까지 가는 버스는 세 종류가 있는데, 좋은 고속, 그냥 고속, 싼 버스 이렇게 세 회사가 있네. 대전에서 지리산까지는 좋은 고속, 싼 버스 이렇게 두 가지가 있고. 어떤 코스를 선택할까?

　"음…….. 각 경우를 다 고려해 봐야겠는데요…….."

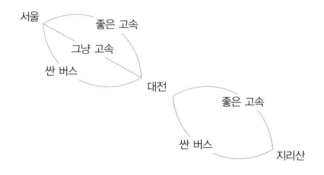

　그래, 어떤 결정을 할지 생각하기 위해서는 모든 경우를 고려해 봐야겠지. 우리는 몇 가지의 경우를 따져봐야 하는 걸까?

　이렇게 나타내 보자. 서울에서 대전까지 가는 버스를 앞쪽에,

대전에서 지리산까지 가는 버스를 뒤쪽에.

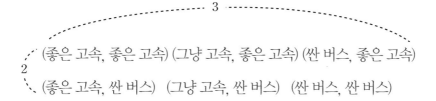

"모두 6가지네요. 좋은 고속만 계속 타고 싶지만, 선생님 주머니 사정도 있으실 테니까……. 히히. 싼 버스 먼저 타고 대전부터 좋은 고속으로 타는 게 좋을 거 같아요."

토토야 고맙구나. 하하.

그런데 우리가 고려해야 할 사항이 6가지라는 것은 직접 써 봐야 알 수 있는 건 아니란다. 위에 그린 그림을 보면, 서울에서 대전까지 좋은 고속을 탈 때, 대전부터 지리산까지 좋은 고속과 싼 버스 두 가지를 탈 수 있지. 이건 서울에서 대전까지 그냥 고속을 탈 때나 싼 버스를 탈 때도 그렇고.

즉, 서울에서 대전까지 가는 각 경우에 대해서 대전에서 지리산까지 두 가지가 있다는 것이고, 대전까지 가는 방법이 3가지이니까, 총 경우의 수를 3×2라고 할 수 있는 거란다.

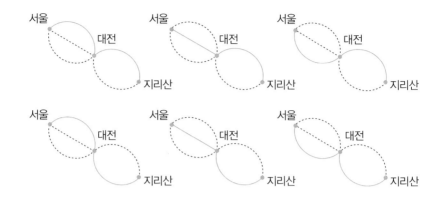

이처럼, 사건 A가 일어나는 경우의 수가 m이고,
그 각 경우에 대하여 다른 사건 B가 일어날 경우의 수가 n
이면,
두 사건 A, B가 동시에 일어나는 경우의 수는

$$m \times n$$

이 된단다.

　여기서 두 사건 A, B가 '동시에' 일어난다는 말을 '같은 시
각'으로 오해하면 안 되고, 두 사건이 '모두 일어난다'는 뜻으로
이해해야 해. 우리가 지리산까지 가기 위해서는 서울에서 대전

까지 가는 사건, 대전에서 지리산까지 가는 사건이 모두 일어나 야 하니까.

자, 그럼, 지리산으로 출발~!!

"야호~!!!"

지리산으로 가는 내내, 카르다노 선생님은 토토에게 문제를 풀어 보라고 하셨습니다.

1. 조금 후에 휴게실에 들릴 건데, 한식 3종류, 양식 4종류, 중식 6종류를 고를 수 있어. 우리가 고를 수 있는 음식은 모두 몇 종류일까?

$3+4+6=13$가지

2. 점심 먹고 나서 간식을 좀 사 오도록 하자. 음료수 한 개 하고 과자 한 개씩 사 줄게. 음료수는 콜라, 사이다, 오렌지 주스가 있고, 과자는 오징어링, 양파깡, 새우퐁, 감자팡이 있어. 토토가 선택할 수 있는 간식은 모두 몇 가지일까?

음료수 세 종류 각각에 대해서 과자 네 종류를 짝지어 보면, $3 \times 4 = 12$가지

3. 동전 한 개와 주사위 한 개가 있어. 두 개를 동시에 던질 때 모두 몇 가지 경우가 나올까?

동전에는 숫자가 있는 쪽, 그림이 있는 쪽 두 면이 있지. 그리고 주사위에는 1에서 6까지 여섯 면이 있고. 그러면 동전의 숫자가 있는 쪽이 나올 때 주사위의 면은 6가지가 나오게 되거든. 동전의 그림 있는 면의 경우에도 6가지 면이 나오니까, 모든 경우의 수는 2×6＝12가지라고 할 수 있네.

카르다노가 들려주는 확률 1 이야기

❶ 실험이나 관찰의 결과를 사건이라고 하고, 사건이 일어나는 가짓수를 경우의 수라 한다.

❷ 두 사건 A, B가 동시에 일어나지 않을 때, 사건 A가 일어나는 경우의 수를 m, 사건 B가 일어나는 경우의 수를 n이라고 하면, 사건 A 또는 사건 B가 일어나는 경우의 수는

$$m + n$$

❸ 이처럼, 사건 A가 일어나는 경우의 수가 m이고, 그 각 경우에 대하여 다른 사건 B가 일어날 경우의 수가 n이면, 두 사건 A, B가 동시에 일어나는 경우의 수는

$$m \times n$$

데프사의 왕국

어떤 사건이 일어날 가능성을
수로 나타낸 것을 확률이라고 합니다.

두 번째 학습 목표

1. 확률의 의미를 생각할 수 있습니다.
2. 실험이나 관찰을 통해 확률을 구할 수 있습니다.

카르다노의
두 번째 수업

　도로시는 갑자기 일어난 일들에 정신이 하나도 없었습니다.
이제 삼촌 내외와 함께 행복하게 살 꿈에 젖어 있었는데, 난데
없이 여행이라니요……. 삼촌과 숙모가 걱정하실 생각을 하니
마음이 조급했지만, 한편으로는 이런 신기한 여행길이 즐겁기
도 했습니다.

　도로시는 날아다니는 집이 어떤 곳에 도착했는지 몹시 궁금
해졌습니다. 얼른 나가고 싶은 생각에 문을 열려는 순간, 토토

가 소리쳤습니다.

"잠깐!! 여기가 어딘지 좀 살펴보자고."

아까의 잘난 척하던 모습은 어디로 사라지고 토토는 잔뜩 긴장한 표정이었습니다. 그리고 창문에 눈만 빠끔히 내밀고 밖을 살피기 시작했습니다. 도로시도 창문으로 다가가 밖을 내다보았습니다. 밖에는 온통 노란 꽃이 피어 있었습니다.

그런데 사람들이 하나 둘씩 도로시의 집 근처로 모여들기 시작했습니다. 잠시 후 웅성대는 소리가 점점 커지더니 모두가 집을 향해 절을 하기 시작했습니다. 당황한 표정의 토토는 어쩔 줄 몰라 했습니다. 하지만 평소에도 궁금한 것을 못 참는 도로시는 더 이상 기다릴 수가 없었습니다. 카르다노도 토토를 답답해 하며 문을 벌컥 열었고 소심한 토토도 어쩔 수 없이 뒤따랐습니다.

도로시가 나가자 기다리고 있던 사람들은 함성을 지르며 절을 했습니다. 그리고, 왕쯤으로 보이는 사람이 앞으로 나와 이들을 맞이했습니다.

"정말 감사합니다. 저희들이 그토록 기도하며 기다렸는데, 이제야 오셨군요. 저기를 보세요."

그가 가리킨 곳을 바라보니 도로시네 집 벽 아래로 은색 장화 한 켤레가 뉘인 채로 나란히 놓여 있었습니다.

"우리나라는 그동안 데프사라는 사악한 마법사의 지배를 받고 있었죠. 당신들이 오기 직전까지 이곳은 검은 풀들로 뒤덮여 있었어요. 데프사는 황금색 옷을 입고, 마법의 방 안에 있는 꽃을 제외한 모든 꽃을 검은 색으로 만들어 버렸어요. 저희들은 아이들부터 노인까지 굶주린 채 힘든 노동을 해야 했죠. 젊은이들은 데프사의 왕국으로 붙잡혀 갔습니다.

저희는 매일 기도했어요. 신께서 어서 이 악마를 없애 주시고 예전의 행복했던 나라를 돌려달라고 말이죠. 그런데, 드디어 그 기도를 들어주셨네요. 데프사가 당신들 집에 깔려 죽었고 마을은 예전처럼 노란 꽃으로 뒤덮였어요. 데프사는 저 은색 장화만을 남기고 영원히 사라졌습니다."

"아니에요. 저희는 수호신이 아니에요. 하지만 아무튼 사악한 마법사를 없앴다고 하니 기쁘네요."

"흐흠. 저희는 갈 길이 바빠서 그럼 이만……."

토토가 어깨를 모여 있는 사람들 속을 빠져나가려고 했습니다. 그런데, 왕이 막아섰습니다.

"당신들은 우리를 구원해 주신 신이 틀림없습니다. 염치없는 말인지 알고 있지만, 한 가지만 더 도와주세요. 우리나라에는 수만 년을 이어져 내려오던 수호석이 있었습니다. 데프사는 그 돌을 훔쳐다가 사악한 마법을 얻고, 자신의 성 깊숙한 곳에 있는 마법의 방 안에 꽁꽁 숨겨 두었죠. 그 돌을 찾아와야 데프사 왕국으로 잡혀간 우리나라의 젊은이들이 마법에서 풀려 돌아올 수 있습니다. 부디 우리의 수호석을 찾아 주세요."

"당신들을 돕고 싶은 마음이야 간절하지만 저희에게는 그럴 힘도 능력도 없답니다."

친절한 도로시는 난감해 하며 말했습니다.

"아니에요. 당신들은 신이 맞습니다. 아니면 적어도 신이 우리에게 보내주신 분들이 틀림없어요. 데프사의 장화를 신고 가세요. 데프사의 왕국에선 이 장화를 신고 있는 사람은 데프사밖에 없다고 믿고 있거든요. 더군다나 당신은 데프사만이 입을 수 있는 황금색 바지를 입고 있네요. 데프사의 왕국에서는 분명 당신을 데프사라고 생각할 거예요."

토토는 마법 수신기의 지시가 없었다며 수호석을 찾으러 나설 수 없다고 했지만, 착한 도로시와 새로운 것에 도전하는 것이 흥분된다는 카르다노는 수호석을 찾으러 가기로 결정했습니다. 그리고 도로시는 데프사의 장화를 받아 신었습니다. 그러자 장화의 은빛이 도로시의 온몸을 비추며 빛나기 시작했습니다. 그 빛이 너무 눈부셨기 때문에 사람들은 도로시를 제대로 쳐다볼 수 없었습니다. 도로시는 마치 이 세상의 마법을 다 부릴 수 있는 마법사가 된 느낌이 들어 어떤 어려움도 헤쳐 나갈 수 있을 것 같았습니다.

　도로시 일행은 사람들이 알려준 대로 노란 꽃길을 따라 걷기 시작했습니다. 반나절쯤 지나자 길을 따라 피어 있는 꽃들이 점차 검은 빛을 띠기 시작했습니다. 데프사의 왕국이 머지않았음을 알 수 있었습니다. 그때 도로시의 배에서 '꼬르륵~' 하는 소리가 났습니다. 회오리바람에 집이 날아온 이후로 아무것도 먹지 않고 있었던 것입니다. 그때 토토의 마법 수신기가 파란 불빛을 내면서 '삐빅~' 하고 신호를 보냈습니다. 토토는 수신기를 들여다보더니, 길옆에 있는 작은 집을 가리키며 말했습니다.
　"우리 저 집에서 밥을 얻어먹자."
　너무 배가 고팠던 도로시와 카르다노도 토토를 따라 그 집으로 향했습니다. 토토가 노크를 하며 한껏 불쌍한 목소리로 말했습니다.

　"안에 누구 계세요? 배고픈 나그네인데 먹다 남은 빵이라도 얻을 수 있을까요?"

　안에서 문을 살짝 열어보던 주인은 은빛으로 빛나는 장화를 보고는 두려움이 가득한 얼굴로 납작 엎드리며 말했습니다.

　"데프사 님! 이처럼 누추한 집에는 어쩐 일로……."

　도로시는 그제야 자신이 데프사의 장화를 신고 있었다는 것을 깨달았습니다. 어쩐지 집주인이 안쓰러운 생각이 들어 얼른 장화를 벗으며 말했습니다.

　"아……. 저는 데프사가 아니에요. 두려워 마세요. 데프사는 사라졌답니다. 저희는 그냥 배가 너무 고파 양식을 좀 얻을 수 있을까 하고 왔어요."

　주인은 안도의 눈빛을 보이며 도로시 일행을 맞이하고 빵을 내 주었습니다. 그리고 데프사가 사라졌다는 말에 기뻐하면서도 여전히 근심 어린 얼굴로 한숨을 내쉬었습니다.

　"데프사가 사라졌다 해도 수호석을 마법의 방 안에서 꺼내오지 않으면 그의 왕국에서 뻗어 나오는 마법의 힘에서 벗어날 수 없어요. 그리고…… 당장 오늘 밤에는 제물을 바치는 의식이 있어요. 신의 뜻에 따라 우리 애가 거기에 제물로 바쳐질지도 모릅니다."

주인은 눈물을 흘리며 말을 이었습니다.

"데프사 왕국의 마법을 더욱 강성하게 하는 의식에 매년 여자 아이들을 제물로 바치고 있어요. 데프사의 사제들이 어제 여자

여기 그려져 있는 것은 데프사 왕국에서 모시는 네 가지 신물이에요.

아이가 있는 집을 돌며 이것을 나누어 주었지요."

주인은 염소의 발뒤꿈치 뼈로 만든 타원기둥 비슷한 것을 보여주었습니다. 울퉁불퉁하긴 하지만 굴리거나 던지면 네 면 중에 하나가 나올 수 있도록 했고, 네 면에는 태양, 달, 사자, 용의 그림이 그려져 있었습니다.

"각 집의 여자 아이는 어제부터 하루 동안 뼛조각에 절을 하며 부디 신께서 자신이 제물로 뽑히는 영광을 주십사 기도를 해야 합니다. 여기 그려져 있는 것은 데프사 왕국에서 모시는 네 가지 신물이에요. 오늘 밤 있을 의식에서 제단에 올라간 아이는 네 가지 신물 중에 하나를 크게 말하고 자신의 뼛조각을 던집니다. 뼛조각에 나타난 신물이 아이가 말한 것과 같으면 그 아이는 제물로 바쳐지게 됩니다. 신의 뜻이지요."

도로시는 어떻게든 이 가엾은 가족을 돕고 싶었습니다. 토토에게 오늘 밤 의식에서 뼛조각이 어떤 그림을 나타낼지 알아낼 수 없는지 물었지만 토토는 수신기가 아무 응답이 없다는 소리만 할 뿐이었습니다.

그때 관심 없는 듯 빵만 먹던 카르다노가 말했습니다.

오늘 밤 의식에서 어떤 신물이 나타날지는 아무도 모르는 일이지만, 아직 반나절의 시간이 있으니까, 어떤 것이 가장 가능성이 적을지 찾아보도록 하지.

카르다노는 토토에게 뼛조각을 계속해서 던지라고 했습니다. 그리고 도로시에게 그 결과를 종이에 적도록 시켰습니다. 뼛조각을 열 번 던진 후 토토가 말했습니다.

"흠, 열 번 중에 사자가 5번, 용이 4번, 태양이 1번, 달은 한 번도 안 나왔어. 달이 나올 가능성이 가장 없는 것 같은데, 아이에게 달이라고 말하게 하자."

토토, 뺀질거리지 말구 계속해. 많이 던질수록 정확한 결과를 얻을 수 있어.

토토는 근엄하게 말하는 카르다노의 말에 기가 죽어서 던지기를 계속했습니다. 명색이 수호 요정이 이런 하잘것없는 일을 하고 있다는 게 어처구니없었지만, 토토 스스로도 자신의 마법으로는 이 상황을 바꿀 수 없다는 것을 잘 알았기 때문에 묵묵

히 뼛조각을 던졌습니다. 그렇게 뼛조각 던지기를 계속하다 보니 어느덧 만 번이나 던지게 되었습니다. 그리고 밖은 이미 깜깜해져서 제단으로 떠나야 할 시간이 되었습니다.

이제 그만하도록 하지. 이 표를 보면 20번 던진 이후로는 태양이 가장 적게 나오고 있어. 오늘 밤 의식에서 태양이 나올 가능성이 가장 적다고 판단하는 게 좋겠군. 그러면 나는 이제 가도 되겠지? 마법부에도 내가 할 일이 산더미라서 말이야. 시간을 너무 지체했어.

도로시, 여행 잘 하고, 수호석을 꼭 찾았으면 좋겠네. 토토, 나는 꼭 필요할 때 부르는 것 알지? 가루 아껴서 사용하라고. 그럼 토토, 날 보내주게.

토토가 마법 수신기에 입력하자 카르다노는 등장할 때처럼 '펑' 소리와 함께 사라졌습니다.

뼛조각을 던진 총 횟수 \ 뼛조각을 던진 총 횟수	태양	달	사자	용
10	1	0	1	8
20	1	3	4	12
50	3	5	6	36
100	5	9	18	68
1000	51	98	142	709
10000	497	1003	1500	7000

〈뼛조각의 각 숫자가 나온 횟수〉

카르다노의 의견대로 그날 밤 의식에서 아이는 태양이라고 말했고, 던져진 뼛조각은 사자를 나타냈습니다. 아이의 가족은 눈물을 흘리며 도로시와 토토에게 고마워하면서, 무엇이든 선물을 하고 싶어 했습니다.

그때 토토의 수신기가 반짝거렸습니다. 수신기를 본 토토는 그저 의식에서 쓰인 뼛조각을 선물로 달라고 했습니다. 가족들은 더 큰 선물을 바라지 않은 토토에게 더욱 감사해 하며 이들을 배웅했습니다. 뜻 깊은 일을 해냈다는 뿌듯함을 안고 이제는 검은 빛이 더욱 강해진 꽃길을 따라 걷던 도로시가 물었습니다.

"웬일이야? 황금 덩어리라도 달라고 할 줄 알았는데."
"그러게 말이야……. 그렇게 말하려고 하는데, 수신기에서 그 뼛조각을 가지고 가라고 표시하더라. 에이……."
도로시는 멋진 마법을 쓰지도 못하고, 사소한 것에 마음 상해하는 토토가 요정이 아닌 시장에서 자신을 간절히 바라보던 그 강아지 같다는 느낌이 들었습니다. 그래서 토토의 손을 잡고 성을 향해 걷기 시작했습니다.
얼마나 걸었을까……. 이제 길가의 꽃은 온통 까만빛을 띠었고, 저 멀리로 성벽이 보이기 시작했습니다. 저것이 데프사의 성인가 봅니다. 토토는 무척 긴장되는지 도로시의 손을 더욱 꼭 잡았습니다.

성문 앞에 다다르니 엄청난 몸집에 화난 표정의 문지기가 두 명이나 서 있었습니다. 모험을 좋아하는 도로시도 긴장이 되었지만, 그럴수록 더욱 당당해 보이려고 씩씩하게 문지기에게 다가갔습니다. 그러자, 두 문지기는 도로시를 향해 깍듯이 허리를 숙였습니다.

"정말 오랜만에 성으로 돌아오셨습니다. 데프사 님!"

"그래, 좀 오래 성을 비웠지? 시종에게 가마를 갖고 오게 해 주게. 내 여기까지 오느라 좀 피곤하군."

성문 안으로 들어서더라도 데프사의 방이 어디인지를 모르니 생각해 낸 방법이었습니다. 가마를 타고 도착한 곳은 온통 검은 빛으로 가득한 방. 방 전체가 검긴 했지만 웅장함을 띠고 있었습니다. 그러고 보니 까만 피부의 토토는 이 검은 방 안에 가만히 있으면 찾기 힘들 정도였습니다.

토토가 귓속말을 했습니다.

"이거, 수호석을 너무 쉽게 찾는 거 아냐? 히히."

하지만, 방안 어디에도 수호석으로 보이는 돌은 없었습니다.

"하긴……. 깊숙한 곳에 숨겨놨다고 했지……."

도로시는 조금 실망한 눈빛으로 방안을 둘러보다가 육중하게 닫혀 있는 문을 하나 발견했습니다. 시종이 방을 나간 후에 도로시는 그 문을 밀어 보았지만, 역시나 끄떡도 하지 않았습니다.

이 문 안에 수호석이 있음은 확실해 보였지만, 문을 어떻게 열어야 할지는 몰랐습니다. 그래서 방 밖에서 대기 중이던 시종을 불러 모험을 해 보기로 하였습니다.

"이리 와 보게. 에……, 내가 너무 오랜만에 나의 왕국으로 돌아와 보니, 여러 가지 미심쩍은 것이 많구먼. 자네가 과연 내가 믿고 있던 그 충직한 신하가 맞는지 테스트를 좀 해 보겠네. 저 문이 무엇이지?"

시종은 행여나 자신이 데프사의 눈 밖에 날까 두려워하며 냉큼 대답했습니다.

"아, 저 문은 마법의 방입니다. 데프사 님께서 저 안에 수호석을 잘 모셔두고 있습죠."

"그래, 잘 대답했네. 그럼, 저 문 안으로 내가 어떻게 들어가곤 했지? 자네가 나의 충직했던 신하가 맞는다면 이 질문에 답을 못할 리 없을 거네."

시종의 눈에 아주 잠깐 동안 의심의 빛이 지나갔지만, 이내 충직한 미소를 지으며 대답했습니다.

"매달 보름달이 하늘 높이 떠올라 마법의 방문에 신성한 빛을 비출 때, 왕국의 제사장과 함께 마법의 방 안으로 들어가는 의식을 거행하셨죠. 오늘이 바로 그 보름날입니다. 오늘 밤에 있을 의식에서 데프사 님께서는 왕국의 복사뼈를 높이 들어 보름달을 향해 기도를 드리시고, 신께서 알려주신 신물을 말하실 겁니다. 그리고 복사뼈가 그 신물을 나타내면 마법의 방에 들어가는 것을 신께서 허락하신 것을 뜻합니다. 그러면 제사장이 갖고 있던 열쇠로 마법의 방문을 열게 됩니다."

"그렇지. 잘 대답했네. 그럼, 이제 그 복사뼈가 어디에 있는지 대답해 보게."

시종은 또 한 번 짙은 의심의 눈빛을 보였습니다.

"그것은 이 방 어디엔가 데프사 님만이 아시는 곳에 잘 두지 않으셨는지……."

"그렇지. 마지막 테스트까지 잘 통과했네. 자넨 역시 예전의 그 충성스런 신하야."

시종이 문 밖으로 나가자 토토는 안절부절못하며 호들갑이었습니다.

"어떡해, 어떡해!! 아까 그 표정 봤어?? 저 시종 우리 의심하는 거지? 이따가 숫자 못 맞추면 우린 죽은 목숨이야!! 도로시! 아까 그 집 아이 구해준 것처럼 어떻게 안 될까?"

도로시도 근엄하고 의연하게 시종을 대했지만, 떨리는 건 마찬가지였습니다. 하지만 아무리 생각해 봐도 이 일을 해결할 묘책은 떠오르지 않았고, 그렇다고 이렇게 가만히 있다가는 마법의 방문을 여는 의식을 할 때 자신이 데프사가 아닌 사실이 들통날지도 모를 일이었습니다. 도로시는 우선 데프사가 잘 숨겨두었다는 복사뼈를 찾아야 해결책이 떠오를 것 같아 방안 여기저기를 뒤지기 시작했습니다. 하지만 아무리 뒤져도 복사뼈를 찾을 수 없었습니다.

그때, 좋은 생각이 났는지 토토가 마법 수신기에 무엇을 입력했습니다. 그러자 수신기에 바늘이 생기더니 마치 나침반처럼 흔들리기 시작했습니다. 토토는 수신기를 가지고 방안을 찬찬히 걸어 다녔습니다. 토토가 저렇게 진지하게 마법을 사용하는 모습은 처음이라 도로시는 신기해 하며 토토의 행동을 바라보았습니다.

그렇게 방 안을 다니기 시작한 지 얼마 지나지 않아 수신기에서는 연한 핑크빛이 나오기 시작했습니다. 토토는 더욱 진지하게 수신기를 바라보며 벽 쪽으로 다가갔습니다. 수신기의 바늘이 고정되면서 완전히 붉은 빛을 내었습니다.

"이 벽 속에 있는 게 확실해."

토토는 어깨를 으쓱하며 말했습니다.

하지만 벽 속에 있다니? 도로시는 토토가 가리킨 벽을 만지고 밀어보기도 했지만 벽은 움직이지 않았습니다. 보름달이 하늘 높이 떠오를 시간은 다 되어 가는데 엉터리 요정에게 속은 것 같아 살짝 화가 난 도로시는 벽을 걷어찼습니다.

그런데 데프사의 은빛 장화가 벽에 닿는 순간, 은빛이 벽을 비추었고 벽은 스르르 뒤로 밀리면서 왕국의 복사뼈가 모습을 드러냈습니다. 도로시와 토토는 너무 좋아 팔짝팔짝 뛰면서 복사뼈를 꺼냈습니다.

그런데 벽 속에서 꺼낸 복사뼈는 선물로 받아 온 뼛조각과 모양이 매우 비슷했습니다. 던지면 네 면 중 하나가 나오게 되어 있고 각 면에는 태양, 달, 사자, 용이 그려져 있었습니다.

"뭐야…… 왕국의 복사뼈라더니, 우리 거랑 다를 게 없잖아. 아!! 시간이 조금 있으니까, 어제 카르다노 선생님이 말씀하신 대로 이 복사뼈로도 실험해 보자. 그래서 더 가능성이 큰 것을 사용하자고. 어차피 데프사가 꽁꽁 숨겨놓은 복사뼈이고, 시종은 한 달에 한 번씩 던지는 것만 봤을 테니까 바꿔 놓아도 모를 것 같은데? 아까 결과는 기억하지?"

"좋은 생각이긴 한데, 적어놓은 걸 안 가져왔어. 가만……, 10000번을 던졌을 때 용이 가장 많이 나왔고, 사자가 그 다음으로 많이 나왔는데……. 그래! 사자가 1500번, 용이 7000번이었어. 그나마 숫자가 복잡하지 않아서 잊어먹지 않았네. 토토, 네가 이런 좋은 생각을 할 때가 다 있네!"

그래서 불쌍한 토토는 어제에 이어 오늘도 복사뼈 던지기를 계속했습니다. 불행인지 다행인지 500번을 던지고 나니 보름달빛이 조금씩 비추기 시작했습니다. 이제 몇 분 후면 시종과 제사장이 들어올 것입니다. 도로시는 데프사의 복사뼈를 던진 결과를 적은 표를 들여다보며 말했습니다.

뼛조각의 신물 복사뼈를 던진 총 횟수	태양	달	사자	용
10	0	0	5	5
100	8	21	26	45
500	54	96	150	200

〈데프사의 복사뼈를 던진 결과〉

"많이 던질수록 정확한 결과가 나온다고 하셨지만, 시간이 없어서 어쩔 수 없어. 이쯤에서 그만해야겠어. 그리고 100번 이후로는 용이 가장 많이 나오고 있으니까 가능성이 가장 큰 것은 용으로 보이는데.

뼛조각의 신물 뼛조각을 던진 총 횟수	태양	달	사자	용
10000			1500	7000

〈선물로 받은 뼛조각〉

복사뼈의 신물 복사뼈를 던진 총 횟수	태양	달	사자	용
500			150	200

〈데프사 왕국의 복사뼈〉

자, 선물로 받은 뼛조각과 비교해 보면, 이런…… 우리 뼛조각은 만 번 던진 중에 7000번이고, 데프사의 복사뼈는 500번 중에 200번이야. 아, 어느 게 가능성이 더 크지? 비교할 수가 없잖아!! 우리 괜한 짓 했나봐."

어제에 이어 오늘도 팔이 떨어져 나가도록 복사뼈를 던진 토토는 이번 실험을 이렇게 허무하게 끝낼 수는 없었습니다.

"카르다노 선생님이 말한 꼭 필요할 때가 이런 때 아닐까? 우리 선생님을 부르자. 뿌까뿌시카르다노도로시."
"펑!"

토토가 가루를 꺼내 데프사의 방안에 있던 으리으리한 벽난로에 뿌리자 카르다노가 나타났습니다.

카르다노는 토토에게 자꾸 부르니 일을 못하겠다며 이렇게 가루를 마구 쓰다가는 여행이 끝나기 전에 바닥이 날 거라고 투덜거렸습니다. 하지만 자초지종을 듣더니 언제 그랬냐는 듯, 이 흥미로운 문제에 관심을 보였습니다.
흠, 데프사의 복사뼈로 실험을 한 것은 아주 잘한 거야. 그래.

두 뼛조각 모두 용이 나올 가능성이 크다고 판단할 수 있겠구나. 그런데 문제는 어느 뼛조각의 용이 나올 가능성이 더 큰가 이지.

이렇게 생각해 보자. 던진 총 횟수가 다르기 때문에 비교가 힘든 거지? 그러면, 던진 총 횟수를 일치시켜 보자고.

"총 횟수를 일치시킨다고요? 10000번 하구, 500번을요?"

그래. 너희가 갖고 온 뼛조각은 10000번 중에 7000번의 비율로 용이 나온다는 뜻이야. 즉 던지는 총 횟수의 $\frac{7000}{10000}$, 다시 말하면 총 횟수를 1로 봤을 때, 0.7만큼 용이 나온다는 뜻이야. 그럼 데프사의 복사뼈는 500번 중에 200번의 비율만큼 용이 나온다는 뜻이고. 이것은 총 횟수의 $\frac{200}{500}$, 즉 총 횟수를 1로 보면 0.4만큼 나온다는 뜻이지. 이제 비교할 수 있겠니?

뼛조각의 신물 / 뼛조각을 던진 총 횟수	태양	달	사자	용
10000			1500	7000
$\frac{10000}{10000}=1$			$\frac{1500}{10000}=0.15$	$\frac{7000}{10000}=0.7$

〈선물로 받은 복사뼈〉

복사뼈를 던진 총 횟수 \ 복사뼈의 신물	태양	달	사자	용
500			150	200
$\frac{500}{500}=1$			$\frac{150}{500}=0.3$	$\frac{200}{500}=0.4$

〈데프사왕국의 복사뼈〉

"예!! 그러니까, 선물로 받아 온 뼛조각에서 용이 나올 가능성을 0.7이라고 한다면, 데프사의 복사뼈를 던져서 용이 나올 가능성은 0.4라고 할 수 있어요.

휴~ 그냥 데프사의 복사뼈로 던졌다면 용이 나올 가능성이 선물 받은 뼛조각의 절반인 0.5도 안되니까 크게 기대할 수 없는 일이었네요. 하지만, 저희가 갖고 온 뼛조각은 용이 나올 가능성이 0.7이나 되고 절반이 넘으니까, 기대할 만한 거죠?"

토토, 날 왜 부른 게냐? 도로시가 이렇게 잘하는데 말이야. 허허! 그래. 하지만 어디까지나 가능성일 뿐이라는 걸 잊지 말거라.

카르다노는 할 일을 다 했고, 역시 자신은 많이 바쁜 사람이라고 강조하며 돌아갔습니다. 그리고…….

결과는 대성공이었습니다. 도로시의 신분에만 의심을 품고 집중하던 시종과 제사장 누구도 뼛조각이 바뀌었다는 사실을 눈치 채지 못했습니다. 용이 나올 가능성이 0.7이었던 뼛조각을 던지자, 기대한 대로 용이 나왔습니다. 그리고 도로시와 토토는 무사히 황금빛 꽃으로 가득한 마법의 방 안으로 들어가 수호석을 꺼내 올 수 있었습니다.

　　수호석을 마법의 방 안에서 꺼내자 데프사의 왕국 모든 곳을
둘러싸고 있었던 검은색은 모두 사라지고 본래 자신들의 아름
다운 빛을 내기 시작했습니다. 성 안의 사람들을 옭아매던 마법
도 사라져 미움과 싸움 대신 평화와 사랑이 가득한 세상이 되었
습니다. 도로시가 신고 있던 도로시의 장화도 화려한 은빛이 사
라지고 어느새 평범한 회색 장화가 되어 있었습니다.

맨 처음 도로시에게 수호석을 찾아 달라고 부탁했던 나라는 어떻게 됐느냐고요? 수호석을 왕에게 전해 주자, 그곳 사람들은 이제 완전히 도로시를 신으로 모시게 되었습니다. 데프사의 마법으로 고생하던 젊은이들도 모두 가족의 품으로 돌아왔고요. 영원히 그곳에서 머물러 달라는 부탁을 정중히 사양하며 친절한 도로시는 집으로 들어갔습니다. 토토의 마법 수신기가 계속해서 탑승을 알리는 소리를 냈기 때문입니다.

확률이란

확률 수업을 시작하려는데, 토토가 걱정이 가득한 얼굴로 앉아 있습니다.

"휴우……."

"토토, 웬 한숨이야? 그러고 보니, 얼굴도 수척하고 무슨 걱정이 있니?"

"도로시, 너도 알다시피 내가 농구 자유투의 제왕이잖아."

"그…… 그랬니?"

"오늘 어떤 녀석이 전학을 왔는데, 자기 농구 실력이 대단하다고 자랑을 늘어놓는 거야. 내가 우리학교 자유투 최고 실력자로서 가만히 있을 수가 없더라고. 당장 내일 한판 붙자고 했어. 그놈도 그러자고 하더라고.

그런데…… 알고 봤더니, 그 녀석 그 학교에서 농구 선수였다는 거야. 어쩌지? 우리학교 애들은 다들 내가 이길 거로 여기는

데 말이야……. 내일 망신당하는 것 아닐까? 그냥 지금 가서 사과하고 없던 일로 할까? 나도 자유투 던질 때는 최고라고 자부하지만, 그래도 농구선수라는데…….”

토토, 고민되겠구나. 하지만, 고민만 하고 있다고 달라질 것은 없지. 실험하고 조사해 보면 어떻게 행동하는 게 나은 선택인지 판단할 수 있을 거야. 일단, 그 친구는 선수라니까 자료 조사를 해 보자. 여기 컴퓨터로 조사해 보렴.

인터넷을 뒤적이던 도로시는 자료를 찾아냈습니다.

“그 친구 작년에 치렀던 경기에서 자유투를 총 100개 던졌네. 그 중에 60개를 성공시켰고.”

그럼, 그 친구의 자유투 성공률은 $\frac{60}{100}=0.6$이라고 판단할 수 있겠구나. 토토, 너의 자유투 성공률은 어떻게 되니?

“그, 글쎄요……. 그렇게 심각하게 생각해 본 적이 없어서…….”

하긴, 선수도 아닌데 그런 것을 조사했을 리는 없고……. 그럼, 우리 밖으로 나가자.

운동장으로 나간 도로시와 토토, 카르다노 선생님은 농구 골대 앞에 선 후 토토에게 자유투를 던져 보라고 했습니다. 토토는 자유투를 계속해서 던졌고, 50개를 던지고 나더니 이제 더 이상 힘들어서 못하겠다고 했습니다.

그래……. 이쯤에서 보자. 너는 50개 중에 10개를 성공시켰거든. 이 자료만 보면, 너의 자유투 성공률은 $\frac{10}{50}=0.2$라고 할 수 있어. 그 친구는 0.6, 너는 0.2! 그 친구 실력이 월등히 나은 것 같은데. 더군다나, 너는 지금 부담 없는 상태에서 던진 자유투잖아. 사실, 네가 지금 자유투를 던진 것은 내일 벌어지는 경기 상황과는 조건이 같지 않지. 막상 내일 경기가 시작되면 긴장할 테고, 아마 성공률은 더 떨어지지 않을까 하는데…….

"토토, 너에게 불리한 게임 같은데? 내일 망신 당하지 않으려면 지금 사과하고 내일 경기는 없던 걸로 하는 게 어때?"

"아……. 내 실력이 어느 정도 비슷할 줄 알았는데……. 사과하는 건 너무 자존심 상하는걸. 그래도 지금 가서 말하는 게 낫겠지?"

토토는 무거운 발걸음을 옮겨 그 친구네 집으로 향했습니다.

우리는 수업을 계속해 볼까? 그 친구의 자유투 성공률을 0.6 이라고 했지?

이처럼 어떤 사건이 일어날 가능성을 수로 나타낸 것을 확률이라고 한단다.

50번 던져서 10번 성공했으니 자유투 성공률은 $\frac{10}{50} = 0.2$야. 상대 선수는 100번 던져서 60번 성공했다고 하니 상대 선수의 자유투 성공률은 $\frac{60}{100} = 0.6$이야.

탕 탕

토토야. 안타깝지만 네가 이기긴 힘들겠다.

즉, 확률은 가능성을 말하는 거야. 가능성은 수로써 표현하고, 보통 분수, 소수, 퍼센트%등으로 나타낸단다.

앞 이야기에서 선물로 받은 뼛조각으로 실험했던 내용을 다시 살펴볼까? 그중에서 용이 나올 가능성에 대해서만 살펴보기로 하자.

뼛조각을 던진 총 횟수	용이 나온 횟수
10	8
20	12
50	36
100	68
1000	709
10000	7000

처음에 10번을 던졌을 때 용이 8번 나오는구나. 이것을 비율로 나타내면 $\frac{8}{10}=0.8$이라고 할 수 있겠지? 20번 던졌을 때에는 $\frac{12}{20}=0.6$이고.

자, 다른 값에 대해서는 용이 나온 횟수를 던진 총 횟수로 나누어서 용이 나오는 비율을 구해 보도록 하자.

뼛조각을 던진 총 횟수	용이 나온 횟수	$\dfrac{\text{용이 나온 횟수}}{\text{뼛조각을 던진 총 횟수}}$
10	8	$\dfrac{8}{10} = 0.8$
20	12	$\dfrac{12}{20} = 0.6$
50	36	$\dfrac{36}{50} = 0.72$
100	68	$\dfrac{68}{100} = 0.68$
1000	709	$\dfrac{709}{1000} = 0.709$
10000	7000	$\dfrac{7000}{10000} = 0.7$

던지는 횟수가 많을수록 $\dfrac{\text{용이 나온 횟수}}{\text{뼛조각을 던진 총 횟수}}$ 값이 0.7 근처로 가는 것이 보이니?

이렇게 같은 조건에서 이루어진 많은 횟수의 실험이나 관찰을 통해 어떤 사건이 일어나는 비율이 일정한 값에 가까워지면, 이 일정한 값을 그 사건의 **확률**로 생각할 수 있지.

이때 충분히 많은 실험을 해 봐야 한다는 것이 중요해. 토토가 첫 번째 자유투를 던졌을 때, 자유투가 성공했잖아? 그렇다고 1번 시행에 1번 성공했으므로 토토의 자유투 성공률이 100%라고 할 수는 없는 거잖니? 횟수가 거듭될수록 정확한 확률을 얻어낼 수 있어.

그리고 실험으로 확률을 구할 때 또 하나 중요한 것은, 조건이 같은 상황 하에서 실험과 관찰이 이뤄져야 한다는 거야. 어쩔 수 없이 토토에게 자유투를 시키기는 했지만, 사실 우리가 궁금한 것은 내일 자유투를 성공시킬 확률이잖아? 그런데 좀 전에 실험한 곳은 내일 상황과는 많이 다르지. 장소나 시간대, 컨디션 등……. 내일과 동일한 조건에서 경기를 여러 번 치러 봐야 같은 상황에서의 자유투 성공률을 알아낼 수 있단다.

카르다노가 들려주는 확률 1 이야기

친구에게 사과를 한 후 내일 경기는 취소하기로 하고 돌아온 토토는 약간 의기소침해 있었습니다. 자존심이 무척 상했나 봅니다. 카르다노 선생님은 수업을 계속하셨습니다.

인류는 언제부터 확률에 대해서 관심을 갖기 시작했을까?

"글쎄요. 확률이 일상생활에서 쓰인 건 현대에 이르러서가 아닐까요? 다른 수학 이론보다 비교적 늦게 출발했을 것 같아요"

그렇게 생각하기 쉽지. 하지만, 확률의 역사는 아주 길단다. 역사가 시작되기 이전부터, 즉 문자로 기록이 남기 이전부터 사람들은 확률에 관심을 갖고 있었단다. 신석기 시대의 유물 중에도 동물의 발굽 뼈로 만든 주사위 같은 것이 있지.

물론, 지금의 주사위 같은 형태는 아니지만, 던지면 네 면이 나오도록 되어 있단다.

"그 옛날에 뼛조각으로 만든 주사위로 무엇을 했을까요? 설마 도박을 했을 것 같지는 않은데……."

예전에는 신이 우리 인간의 삶에 깊이 관여하고 있다고 생각했지. 그래서 제사장이나 부족장은 무엇인가를 결정해야할 때, 신의 뜻을 알고 싶어 했어. 그럴 때 이 뼛조각을 이용했단다. 앞의 이야기에서도 보듯이 제물을 바칠 때 주사위를 던져서 결정하지.

"정말 어처구니가 없어요. 제물을 바친다는 것도 그렇지만, 중요한 일을 주사위한테 맡기다니요."

그렇지? 그런데 이렇게 중요한 일을 주사위를 던져서 결정하는 일을 미개하다고만 할 수는 없단다. 현대의 우리도 중요한 일을 결정하는 데에 부담을 느끼고 누구에겐가 의지하고 싶어 하는 것이 사실이지. 너희들은 선택을 해야 할 때, 어떤 것을 결정해야할지 몰라서 고민했던 적이 없니?

"있어요!! 바로 어제요. 어제 시험을 봤는데요. 공부를 하나도 안 해서 다 찍어야 했어요. 어떤 답을 찍을지 고민되어서, 그냥 연필을 굴렸지요. 연필 각 면에 1부터 5까지 써 놓고요."

그래. 고대의 사람들도 같은 심정이었을 것이라고 생각하면 될 거야. 실제로 유물을 살펴보면, 갖가지 모양의 선택 도구들이 나오고 있단다. 물론 그들에게 그런 도구는 신의 말씀을 전하는 신성한 것들이었을 테지. 삼각기둥❶, 사각

❶ 삼각기둥 합동인 두 개의 면이 평행을 이루는 입체도형이다. 평행이고 합동인 두 면 사이에 그 면과 수직인 직사각형으로 이루어진 것을 각기둥이라고 부른다. 평행이고 합동인 두 면을 밑면이라고 부르고, 그 면과 수직을 이루는 직사각형을 옆면이라 한다. 밑면의 모양에 따라 삼각기둥, 사각기둥, 오각기둥 등으로 분류된다.

카르다노가 들려주는 확률 1 이야기

기둥, 또는 여섯 개의 면을 가진 도구들도 나온단다. 각 면에는 점이 찍혀 있는데, 오늘날 주사위와 흡사하다고 할 수 있지. 오늘날 주사위에도 우리에게 분명히 1부터 6까지의 숫자가 있는데도 불구하고, 점으로 숫자를 표시하지? 숫자가 없던 시절부터 사용하던 주사위의 흔적이라고 할 수 있단다.

자, 다음 시간에는 도로시가 어디로 여행하게 되는지 궁금한걸?

두번째
수업 정리

① 어떤 사건이 일어날 가능성을 수로 나타낸 것을 **확률**이라고 한다.

② 같은 조건 아래에서 이루어진 많은 횟수의 실험이나 관찰을 통해 어떤 사건이 일어나는 비율이 일정한 값에 가까워지면, 이 일정한 값을 그 사건의 확률로 생각할 수 있다.

내기의 나라

공평청

모든 경우가 일어날 때의 확률을 더하면
그 값은 1이 됩니다.

세 번째 학습 목표

1. 공정한 결정을 하기 위한 방법을 생각할 수 있습니다.

2. 수학적 확률을 구할 수 있습니다.

3. 확률의 성질을 알 수 있습니다.

4. 확률의 합을 구할 수 있습니다.

카르다노의
세 번째 수업

　수호석을 다시 찾게 된 사람들은 도로시의 집이 보이지 않을
때까지 손을 흔들며 도로시와 토토를 배웅했습니다. 도로시도
동그란 창문으로 손을 흔들며 그들과의 헤어짐을 아쉬워했습
니다.

　얼마나 높이 올라갔을까. 사람들은 더 이상 보이지 않고 집은
구름 속을 떠다니고 있었습니다. 도로시와 토토는 어느새 배가
고파져서 탁자 위에 놓인 빵을 먹었습니다.

'숙모가 농사일 나가시면서 만들어 주신 빵인데…….' 도로시는 갑자기 울적한 마음이 들었습니다. 그리고 토토가 원망스러워졌습니다. '소원성취 여행이라니……, 누가 그런 걸 바랬다고……, 그냥 삼촌이 행복해지셨으면 좋겠다는 것뿐이었는데…….' 이런저런 우울한 생각을 하고 있는데, 갑자기 토토가 소리쳤습니다.

"어!! 이제 곧 도착해야 하는데, 이게 왜 이래!!!"

토토는 마법 수신기가 먹통이 되었다고 난리였습니다. 도로시는 지금까지 그리 큰 활약을 하는 것 같지 않았던 마법 수신기가 고장이 나도 그리 대수롭지 않게 생각하고 혼자만의 생각에 빠졌습니다.

그때, 갑자기 집이 이리저리 비틀거리며 심하게 흔들렸습니다. 그리고 아래로 급격하게 떨어지는 느낌이 들었습니다. 놀란 도로시와 토토는 창문으로 달려가 아래를 보았습니다.

이런……. 비행기처럼 유유히 하늘을 날던 집이 아래로 추락하고 있는 것이었습니다. 계속해서 떨어지던 집은 마침내 '쿵!!' 하고 내동댕이쳐졌습니다.

"으으……. 여기가 어디야……."

도로시와 토토가 정신을 차려보니, 집은 옆으로 떨어져 있었고 집 밖으로 나가는 문은 하늘을 향해 있었습니다.

탁자를 받치고 하늘을 향해 있는 문을 연 도로시는 너무 놀라 탁자에서 떨어지고 말았습니다.

도로시의 집은 커다란 구덩이에 빠졌고, 구덩이 위에서 누군가가 고개를 내밀고 도로시네 집을 보고 있었기 때문입니다. 도로시는 그 사람을 향해 소리쳤습니다.

"살려 주세요!! 우리를 끌어올려 주세요!!"

"그렇다면 내기를 하지."

내기라니? 토토와 도로시는 서로를 쳐다보며 어리둥절해 했습니다.

"무슨 내기요??"

"아무 내기나. 너희가 이기면 꺼내 줄께. 내가 이기면 안 꺼내주고. 그게 공정한 거야."

이런 황당한 일이! 고개를 길게 빼고 문밖으로 이야기를 나누던 도로시는 털썩 주저앉고 말았습니다. 저런 황당한 사람에게 살려달라고 부탁하는 이 상황이 너무 슬펐고, 삼촌과 고모가 계신 캔자스로 돌아가고 싶은 마음은 더욱 간절해졌습니다.

삼촌을 닮은 카르다노 선생님이라도 옆에 계셨으면 까만 요정보다는 훨씬 위안이 될 것 같은 생각이 들었습니다.

"토토, 카르다노 선생님은 이 상황을 해결해 주실 수 있지 않을까?"

토토는 가루를 아껴야 한다며 약간 망설였습니다. 하지만 마법 수신기도 고장 난 상황에서 이상한 남자가 있는 여기가 도대체 어디인지도 몰랐고, 부서지고 구덩이에 빠진 집은 또 어떻게 해결해야 할지가 도저히 감당이 되지 않았습니다. 그래서 카르다노를 부르자는 도로시의 의견을 따르기로 했습니다.

그런데, 문 옆에 위치한 벽난로도 문처럼 하늘에 매달려 버렸기 때문에 탁자를 받치고 그 위에 의자까지 올려놓고서야 간신히 가루를 벽난로를 향해 뿌릴 수 있었습니다. 하지만…… 미처 벽난로에서 나오는 사람의 입장까지는 생각지 못했습니다.

우당탕탕탕!!

아이쿠, 에구에구…… 뭐냐…… 이런……. 벽난로가 하늘에 있으면 최소한 침대라도 받쳐 놓고 나를 불렀어야지!! 아이쿠,

허리 아파!!

벽난로에서 나오던 카르다노는 그만 아래로 떨어지고 말았습니다. 엄살이 좀 심한 카르다노이지만 삼촌이 보고 싶은 마음 대신 도로시는 카르다노 선생님을 꼭 안아 보았습니다. 마법 수신기가 고장 난 일이며, 집이 추락한 것, 그리고 저 이상한 남자 이야기 등을 들은 카르다노는 토토를 나무랐습니다.

토토! 너 또 마법 수신기로 오락한 거 아니냐!! 아무튼 큰일이로구나. 저 녀석 저번에도 오락하다가 마법 수신기가 고장이 나서 한참만에야 수신이 된 일이 있었지. 그때 그렇게 혼나고도 또 수신기를 고장 내! 마법부로 돌아가면 반드시 보고를 할 거다!

암튼, 우선은 이 집을 구덩이에서 꺼내고 부서진 곳을 고쳐야 본래 목적지로 여행을 할 수 있으니, 저 남자와 내기를 해야겠구나. 이렇게 하자.

카르다노는 도로시에게 내기 방법을 설명해 주었고, 설명을 들은 도로시는 환한 얼굴로 하늘의 문을 열고 남자를 불렀습니다. 그리고는 선물로 받아온 뼛조각을 내밀었습니다.

"이걸로 내기하는 건 어때요? 네 면에 태양, 달, 사자, 용이 그려져 있는데요, 태양이나 달이 나오면 아저씨가 이기고, 사자나 용이 나오면 제가 이기는 걸로 해요."

"그거 좋구나. 새로운 내기인걸! 네 가지 중에서 두 가지씩이니까 정말 공평하고도 재미있군!"

내기에 합의를 한 도로시와 사내 앞에 뼛조각이 던져졌고, 뼛조각은 이번에도 용을 표시해 주었습니다. 내기에 진 남자는 두 명인 줄 알았는데 세 명이었냐며 약간 투덜대기는 했지만, 밧줄을 구해서 도로시 일행을 구해주었습니다. 그리고 그는 동물의 뼛조각을 가지고 하는 새로운 내기 방법에 굉장한 흥미를 보이며 어떻게 만드나, 어떤 동물의 뼈가 좋나, 어떨 때 이용할 수 있는지 등을 물었습니다.

토토는 고장 난 마법 수신기를 계속 이리저리 살폈고, 도로시는 구덩이에 박히고 부서진 집을 어떻게 꺼낼지가 고민이었습니다. 지금 상태로는 삼촌과 숙모가 계신 캔자스로 돌아갈 수 없는 건 아닌지 걱정이 되기 시작했습니다. 그래서 아직도 뼛조각 얘기만 하고 있는 사내에게 저 집을 꺼낼 수 없겠느냐고 물었습니다.

"아무리 내기를 한다고 해도 내 힘으로는 어쩔 수 없고, 공평청으로 가봐. 우리나라의 수상이 살고 계신 곳인데, 거기서는 모든 문제를 공평하게 처리해 주지. 아마 너희집도 공정하고 공평하게 꺼내줄 수 있을 거야."

그저 집을 꺼내 달라는 것뿐이었는데 공평이니 공정이라는 말을 하는 게 어이가 없었습니다. 하지만 별다른 방법이 없었으므로 도로시 일행은 공평청이라는 곳을 찾아 나서기로 했습니다. 카르다노는 그제서야, 이곳으로 올 수는 있었지만 마법 수신기 없이 이곳을 떠날 수는 없다는 것을 깨닫고 토토에게 마구 짜증을 냈습니다. 자신은 무척 바쁜 사람인데, 꼼짝없이 이곳에 머물게 되었다며…….

하지만 도로시는 카르다노가 계속 같이 있을 수 있다는 사실에 살짝 마음이 푸근해졌습니다. 그래서 삼촌과 시내구경을 할 때처럼 카르다노의 손을 꼭 잡고 걷기 시작했습니다. 카르다노도 그런 도로시가 싫지 않은 듯 마음이 조금 누그러져, 내기에 어떻게 이긴 것이냐고 묻는 토토에게 설명을 해 주기 시작했습니다.

데프사의 왕국에서 이 뼛조각에 사자가 나올 가능성과 용이 나올 가능성을 계산해 봤지? 용이 나올 가능성이 가장 커서 0.4 이었고, 사자가 나올 가능성은 0.3였지. 용과 사자가 동시에 나올 수는 없으니까, 우리가 이길 가능성은 용이 나올 가능성 0.4에 사자가 나올 가능성 0.3을 더한 0.7이 되는 게지.

"하지만, 우리는 태양이나 달이 나올 가능성은 계산 안 해 봤잖아요. 그 남자가 이길 가능성보다 커야 우리가 이기는 것 아닌가요? 비교도 안 해보고 어떻게 우리가 이길 가능성이 크다는 걸 아셨죠? 횟수를 적어 놓은 쪽지를 놓고 왔고, 도로시도 그건 기억을 못했는데……."

하지만 우리는 전체 가능성의 합이 1이라는 것을 알고 있지. 태양이나 달이 나온다는 것은 사자나 용이 나온다는 것과 반대 아니냐? 뼛조각에는 태양, 달, 사자, 용 말고는 아무것도 없고, 오직 네 가지의 경우만 나올 수 있으니까,

태양이나 달이 나올 가능성은 전체 가능성 1에서 용이나 사자가 나올 가능성을 뺀 것과 같아. '태양이나 달이 나올 가능성'은 1에서 '사자나 용이 나올 가능성'인 0.7을 뺀 값이고 따라서 0.3이 되지. 즉, 우리가 이길 가능성은 0.7이였고, 그 남자

가 이길 가능성은 0.3밖에 안 되는 거였어.

"그럼, 이 내기는 공정한 내기가 아니었네요? 공정한 내기가 되려면, 내기를 하는 그 남자하고 우리가 같은 가능성을 가져야 되는 것 아니었나요?"

허허, 토토도 이제 제법 똑똑한 말을 하는걸. 그렇단다. 그 남자는 이게 공정하다고 생각했지만, 그렇지 않았지. 두 팀이 내기를 할 때 가능성이 똑같게, 즉 두 팀 모두 총 가능성의 절반인 0.5씩이 되어야 공정하다고 할 수 있겠지.

마치 우리가 3인조 사기단이 된 것 같다만, 마땅히 어려움에 처한 우리를 구해줘야 할 사람이 내기를 하자고 했으니 그 정도는 속여도 된다는 게 내 생각이야.

하하. 토토, 하지만 내기는 기본적으로 공정해야 하는 거란다. 만약 세 팀이 내기를 한다면 어떻게 되면 되겠니?

"음…… 전체 가능성이 1이니까, $\frac{1}{3}$ 씩이 되면 공정하지 않을까요?"

그래. 이제 아주 잘하는구나. 네 팀이었다면 $\frac{1}{4}$, 즉 0.25씩이면 공정하다고 할 수 있겠지.

도로시는 길을 걸으면서 무언가 이상하다는 것을 느꼈습니다. 길가에는 어디서나 두세 명, 혹은 그 이상의 사람들이 모여 무엇인가를 하고 있었습니다. 공평청으로 가는 길을 물어보기 위해, 비교적 친절해 보이는 두 명이 진지하게 이야기를 하고 있는 곳으로 다가갔습니다.

"저기…… 공평청으로 가려고 하는데요……."

하지만 그들은 워낙 심각하게 토론을 하던 중이라 도로시의 말을 듣지 못했습니다. 다른 무리 쪽으
로 가서 물어보려고 발길을 돌리려는
데, 그들 앞에 놓인 뼛조각이 눈에 띄었
습니다. 도로시가 갖고 있는 것과 비슷
하게 만들어진 뼛조각 옆에는 비뚤비뚤한 원판이 있었습니다.
원판에는 선이 그어져 있었고 중심에는 구멍이 있었으며 그 구
멍에는 막대기가 꽂혀 있었습니다.

　그들이 어떻게 도로시의 뼛조각과 비슷한 것을 갖고 있는지
궁금하기도 하고 공평청을 찾는 일도 급해서 다시 말을 붙여
보려고 했지만 그들은 도통 도로시 일행에 눈길을 주지 않았습
니다. 그때 카르다노가 갑자기 고함에 가까운 큰 소리를 내었
습니다.

　이보쇼들!! 공평청이 어디냔 말이오!!

　갑자기 난 큰소리에 토론 중이던 두 명은 어리둥절해 하며 이
쪽을 힐끗 쳐다보더니 별일 아니라는 듯 고개를 돌려 다시 토론
에 집중했습니다. 도로시 일행은 민망해졌지만, 도대체 그들이

무엇 때문에 그렇게 논쟁 중인지가 궁금해져서 귀를 기울여 보았습니다.

토론 내용은 이랬습니다. 그들은 부부인데 소풍을 가기 위해 막 집을 나서는 길이었습니다. 그런데, 소풍 가방을 놓고 온 것을 알고는 그것을 가지러 누가 집으로 들어가느냐를 놓고 토론을 벌였습니다. 늘 하던 대로 원판을 이용해 가방을 갖고 나올 사람을 뽑기 위해 집으로 들어간 부인은 가방이 아닌 원판을 갖고 나왔습니다. 원판에 선을 그어 영역을 둘로 구분하고 각자 자신의 영역을 고른 후에 그 원판을 돌리고 뾰족한 것을 던져서 그것이 꽂힌 영역에 해당하는 사람이 가방을 갖고 나올 사람으로 뽑히는 것이었습니다.

그런데, 남편이 자신의 친구가 하늘에서 집과 함께 떨어진 사람한테 배운 방법인데 재미나고도 공평한 도구가 있다며 집으로 들어가 그림이 그려진 뼛조각을 갖고 나왔습니다. 그 뼛조각을 이용해 누가 가방을 가지고 나올지를 정하자고 주장했습니다. 부부는 서로 원판이 더 공정하다, 뼛조각이 더 공정하다를 놓고 토론을 벌이는 중이었던 것입니다.

토론 내용을 다 듣고 나니 아까 내기를 해서 도로시 일행을 꺼내 준 남자보다도 더 황당한 사람들이라는 생각이 들었습니다. 그때 카르다노가 무슨 생각이 들었는지 나지막히 말했습니다.

내가 가장 공정한 방법을 알려주면 공평청으로 가는 길을 가르쳐 줄 텐가?

방금 전의 그 큰 고함에도 끄떡 않던 두 사람은 동시에 카르다노를 쳐다보았습니다.

"정말이오? 어디 말해 보시오."

우선, 당신들이 늘 이용해 오던 원판을 보시오. 두 영역의 넓이가 같아 보이나요? 한눈에 보기에도 아니지 않소. 이건 결코 공정한 방법이 아니오. 공정하기 위해서는 정확한 원이어야 하고 우선 두 영역의 넓이가 같아야 하지요. 자, 집에 가서 컴퍼스와 자, 그리고 톱을 가지고 오시오.

새로운 내기 방법을 배운다는 호기심에서인지 가족은 얼른 집으로 들어가 컴퍼스❷, 자, 톱을 가지고 나왔습니다. 카르다노는 비뚤비뚤하

❷ 컴퍼스 원을 그릴 때 이용하는 도구. 컴퍼스와 눈금 없는 자를 이용하는 작도에서 컴퍼스는 길이를 옮기는 역할도 한다.

던 원판을 컴퍼스와 톱을 이용해 정확한 원으로 만들고 지름을 그었습니다.

공정하기 위해서는 두 사람이 나올 가능성이 같아야 하고 그러기 위해서는 두 사람 영역의 넓이가 같아야 하는 것은 물론이고 원판을 돌리고 뾰족한 것으로 원판을 맞추는 것에서도 공정하기 위해서는 영역을 대칭[3]으로 배치해야 합니다.

❸ 대칭 선 양쪽이 똑같이 배치된 상태를 말한다. 하나의 모양을 점을 중심으로 180° 회전했을 때 그 모양이 똑같으면 점대칭이라 하고, 대칭의 중심이 직선이면 선대칭이라 한다.

부부는 카르다노의 설명에 기뻐하며 얼굴이 환해졌습니다. 카르다노는 또 나무토막을 구해 오라고 시켰고, 그들은 후다닥 움직이더니 금세 구해왔습니다.

자, 이 뼛조각도 각 면이 나올 가능성이 결코 같다고 볼 수 없어요. 각 면이 울퉁불퉁하잖소. 네 면이 대칭으로 배치되도록 이 나무토막을 잘라 보시오.

솜씨 좋은 남편은 나무토막을 정사각기둥❹

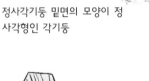

❹ 정사각기둥 밑면의 모양이 정사각형인 각기둥

모양으로 다듬었습니다. 카르다노는 기둥의 옆 면에 1부터 4까지의 숫자를 적었습니다.

1부터 4까지의 숫자 중 두 개씩 골라서 내기를 하면 되지요. 앞으로 내기할 일이 있을 때 이 나무 토막을 이용하면 휴대하기도 좋을 거요.

부부가 놀라워하며 말했습니다.

"이런 획기적으로 공평한 방법은 이 세상에 없었소. 공평청에 이 나무토막을 신고하고 당신도 소개해야겠소. 당신 같은 사람이 공평청에서 일하는 것이 우리나라를 위해 꼭 필요하오. 아, 그런데 아까 어디 가는 길을 찾는다고 하지 않았소?"

도로시 일행은 터져 나오는 웃음을 꼭 참고, 카르다노를 공평청에 소개하러 가느라 소풍과 가방 논쟁은 잊어버린 부부의 뒤를 따라 공평청으로 향했습니다. 얼마 뒤 공평청에 도착했고, 획기적으로 공평한 방법이 있다는 말을 전해들은 수상은 이들을 만나고 싶어 했습니다.

"우리 공평청에도 인재가 많이 있지만, 이처럼 놀랍도록 공평한 도구를 만들어 낸 사람은 없었소. 부디 우리 공평청에 머물며, 우리나라의 공정함을 위해서 당신들의 능력을 사용해 주셨으면 하오."

"호의는 감사합니다만, 저희는 가야 할 곳이 있어요. 사실, 저희는 부탁이 있어서 이곳에 찾아온 거랍니다."

도로시는 수상에게 집이 불시착한 이야기를 했고, 그 집을 구덩이에서 꺼내 수리를 해줄 수 있는지를 물어보았습니다. 수상은 자신에게 찾아오는 수많은 공평 문제를 이들이 해결해 줄 수 있을 거라 믿었는데, 오래 머무를 수 없다는 말에 적잖이 실망했습니다.

하지만, 현명하고 인정이 많은 수상은 그들을 도와주겠다고 했습니다. 일꾼을 구덩이가 있는 곳으로 보내서 집을 살펴보라 명한 수상은 집이 수리될 때까지 이곳에서 편안하게 보낼 수 있도록 배려해 주었습니다. 도로시 일행에게는 이들을 수행할 비서와 각자에게 화려하고 아름다운 방이 제공되었습니다. 도로시가 늘 상상해 오던 그런 방을 갖게 된 것입니다.

하얀 레이스가 달린 침대와 동그란 창문도 있는데, 도로시의 집과는 달리 커다란 유리창에 황금색 커튼이 달려 있었고, 옆에는 으리으리한 금장식을 한 벽난로도 있었습니다. 도로시의 비서는 혹시나 불편한 점이 없는지 최선을 다해 도로시를 도왔습니다. 토토는 이런 지상낙원 같은 곳에서 오래도록 머물며 수호 요정 일은 잊고 싶다고 했고, 카르다노는 자기는 바쁜 사람인데 수신기는 아직 정상으로 돌아오지 않았냐고 불평하면서도 틈틈이 내기를 광적으로 좋아하는 이 나라 사람들에게 내기를 걸어 이기곤 했습니다.

그러나 도로시는…… 상상 속의 방을 갖게 되었는데도 전혀 즐겁지가 않았습니다. 집이 곧 고쳐진다는 것이 벌써 며칠째인데, 다 고쳐졌다는 소식은 좀처럼 들려오지 않았습니다.

그러던 어느 날 수상이 도로시 일행을 급히 불렀습니다.

"당신들이 창안해 낸 정사각기둥은 이제 이 나라에 없어서는 안 될 보배가 되었소. 우리 공평청에서는 가장 정밀하게 정사각기둥을 만들 수 있는 공장을 선정하고 대량생산하여 온 나라에 정사각기둥을 보급해 왔소. 그래서 늘 공평 문제로 공평청을 찾던 사람들의 발길도 뜸해지게 되었지. 그런데 여기 이 사람들에게 닥친 문제는 정사각기둥으로도 해결되지 않으니 어떻게 하면 좋을지 모르겠소."

공정하게 문제를 해결해 달라고 수상을 찾아온 사람들은 세 명이었습니다. 그들은 같은 직장에 근무하는 동료들로 누가 팀장을 해야 하는가를 정하는 정말 중요한 문제를 정사각기둥을 이용해 공평하게 해결하고 싶었던 것이었습니다.

그 때, 도로시의 머리에 번뜩하고 떠오른 것이 있었습니다.

"사실, 이 사람들 문제만 해결하자면 간단한 해결책이 있어요. 정삼각기둥을 만들면 되지요. 하지만 수상님, 정삼각기둥은 제작하기도 힘들 뿐더러, 두 사람의 공평문제는 해결해 줄 수 없어요. 그래서, 이렇게 하면 어떨까 합니다."

도로시는 수상이 갖고 있는 정사각기둥을 톱으로 뚝 잘라서 정육면체[6]를 만들었습니다.

"이 정육면체는 6개의 면이 모두 대칭적으로 배치되어 있습니다. 이것은 만들기도 쉽고 휴대하기도 간편하며, 2명, 3명, 6명의 문제를 모두 해결해 줄 수 있지요."

도로시의 아이디어로 문제를 해결한 수상은 크게 감탄하며 이 정육면체를 대량으로 만들어 전국에 배포하

⑤ 정육면체 모든 면이 합동인 정다각형이며 각 꼭짓점에 모인 면의 개수가 동일한 볼록다면체를 정다면체라고 한다. 정다면체에는 5종류가 있는데 면의 개수에 따라 정사면체, 정육면체, 정팔면체, 정십이면체, 정이십면체로 분류한다. 정육면체는 합동인 정사각형 여섯 개로 이루어져 있다.

라고 명하고 도로시 일행에게 황금 덩어리를 상으로 내렸습니다. 온갖 맛있는 음식으로 만찬을 열어 준 수상은 다시 한 번 이곳에 머물러 달라고 부탁했습니다. 하지만 도로시는 정중히 사양하면서 집수리는 어느 정도 진행되었는지를 물었고 거의 다고쳐졌다는 대답을 들을 수 있었습니다.

그날 밤, 토토는 이곳에 영원히 머물자고 도로시와 카르다노를 꼬드겼지만, 둘은 오늘 멋지게 해결한 문제에 대해서 이야기를 나누느라 토토의 말에는 대꾸도 없었습니다.

도로시, 제법이던데~!

"톰슨 고아원에서 갖고 놀던 주사위가 갑자기 생각났어요. 그때는 아무 생각 없이 주사위를 가지고 놀았는데, 지금 생각해 보니 정말 대단한 도구라는 생각이 들어요. 각 면이 나올 가능성을 같으면서도 면이 6개나 되고, 만들기도 쉽고요."

그래, 주사위는 역사가 아주 긴 장난감이자 도구이지. 그건 나중에 이야기하도록 하자. 똑똑한 도로시, 주사위의 각 면이 나올 가능성을 생각해 볼 수 있겠니?

"제가 아까 수상 앞에서 정육면체를 생각해 낸 건 공정하기 위해서잖아요? 6면이 나올 가능성은 똑같고, 총 가능성은 1이니까, 각 면이 나올 가능성은 $\frac{1}{6}$이에요."

그렇지, 이제 모르는 게 없구나. 그런데, 가능성이라는 것을 이렇게 생각해 볼 수도 있단다. 주사위처럼 모든 경우의 가능성이 같은 상황이라면, 어떤 특정한 사건이 일어날 가능성은 그 사건의 가짓수를 전체 경우의 가짓수로 나누면 된단다.

예를 들어, 주사위에서 3이라는 면이 나올 가능성을 알고 싶을 때는 이렇게 하면 돼. 3이라는 면이 나오는 경우는 1가지가 있고, 주사위를 던졌을 때 나올 수 있는 총 가짓수는 각 면의 종류인 6가지가 있지. 따라서 주사위를 던져서 3이 나올 가능성은, 3이 나오는 경우의 수 1을 6으로 나눠서 $\frac{1}{6}$이 되는 거지.

$$\frac{\boxed{3}}{\boxed{1}\boxed{2}\boxed{3}\boxed{4}\boxed{5}\boxed{6}} = \frac{1}{6}$$

이번에는 도로시가 주사위를 던져서 짝수가 나올 가능성을 구해 볼까?

"음……. 우선 짝수가 나올 경우를 모두 생각해 볼게요. 주사위에는 짝수가 2, 4, 6 세 가지가 있어요. 주사위를 던졌을 때 나타나는 총 경우는 1, 2, 3, 4, 5, 6 여섯 가지이고요. 따라서 짝수가 나올 가능성은 $\frac{3}{6} = \frac{1}{2}$가 되요.

$$\frac{\boxed{2}\,\boxed{4}\,\boxed{6}}{\boxed{1}\,\boxed{2}\,\boxed{3}\,\boxed{4}\,\boxed{5}\,\boxed{6}} = \frac{3}{6} = \frac{1}{2}$$

그럼, 홀수가 나올 가능성도 $\frac{1}{2}$가 되겠네요. 두 명이 주사위로 내기를 하면 짝수와 홀수로 하면 공평하겠어요."

도로시가 공평청에 오래 머물더니 아주 공평해졌는걸. 하하.

이곳에 영원히 머물자는 말에 대꾸가 없어 뿌로통해 있던 토토도 심심했는지 한마디 거들었습니다.

"뭐 그 정도를 가지고 똑똑하다고 그러실까~ 적어도 주사위를 던져서 3의 배수⁶가 나올 가능성 정도는 구할 줄 알아야지. 그건 말이야, $\frac{1}{3}$이야. 왜냐고? 주사위에 3의 배수는 '3과 6' 두 가지가 있잖아. 이 두 가지를 주사위의 총 경우의 수 6으로 나누면 $\frac{2}{6}$, 즉 $\frac{1}{3}$이 되는 거라고."

이런~ 토토가 저 정도로 알다니, 이제 온 세상 사람이 다 안

❻ 배수 정수 A의 배수는 A에 어떤 정수를 곱해서 나오는 수를 말한다. 예를 들어, 3의 배수는 3, 6, 9, 12, 15 등이 있고, 5의 배수에는 5, 10, 15, 20 등이 있다.

거나 마찬가지로군. 역시 내가 정말 설명을 잘 했나 보다. 하하하~

그럼 이건 어떨까 토토? 주사위를 던져서 4 이하의 수가 나올 가능성은?

"아직도 절 못 믿으시네요. 4 이하의 수는 총 4가지가 있잖아요. 그러니까, 4 이하의 수가 나올 가능성은 $\frac{4}{6}=\frac{2}{3}$이에요. 더 말씀드려 볼까요? 주사위를 던져서 5 이하의 수가 나올 가능성은 $\frac{5}{6}$이구요, 6 이하의 수가 나올 가능성은 $\frac{6}{6}=1$이라고요. 어라? 1?"

하하~ 토토, 아주 잘했다. 그래, 주사위를 던져서 6 이하의 수가 나온다는 것은 모든 경우를 포함하는 거니까, 총 가능성인 1이 되는 게 맞단다. 그럼…… 주사위를 던져서 7 이상의 수가 나올 가능성은 얼마나 될까?

"선생님~ 절 놀리시는 거예요? 주사위에 7 이상의 수는 없잖아요. 그러니까 7 이상의 수가 나오는 경우는 0가지이고, 그것을 전체 경우인 6가지로 나눠도 $\frac{0}{6}=0$이 되잖아요. 굳이 7 이상의 수가 나올 가능성이 알고 싶으시다면……. 그건 0이에요."

하하~ 잘했다, 토토. 이제 너희들이 모르는 게 없구나.

그때였습니다.

'삐릭…… 삑…… 삐릭 삐릭…….'

영원히 수신이 안 되었으면 좋겠다며 토토가 구석에 버려 둔 마법 수신기에서 소리가 나기 시작했습니다. 얼른 집어 들어 보니 마법 수신기가 불빛을 환하게 내고 있었습니다. 토토는 약간 실망한 기색을 보였지만 도로시와 카르다노는 손을 맞잡고 기뻐했습니다. 수신기가 제대로 작동하면 카르다노는 오즈 왕국으로 돌아갈 수 있기 때문이었습니다.

카르다노가 토토에게 지금 당장 보내달라고 하자 토토는 카르다노를 돌려보내는 명령어를 마법 수신기에 입력했습니다. 도로시는 카르다노와 헤어진다는 것이 서운했지만, 자신도 곧 캔자스로 돌아갈 수 있다는 희망을 안고 카르다노를 배웅해 주었습니다.

도로시와 토토는 내일 도로시의 집이 있는 곳으로 가 보기로 했습니다. 집이 거의 다 고쳐진다는 말을 들어서 이제 도로시도 이곳을 떠날 수 있을 것 같다는 생각이 들었습니다. 집에 갈 수 있다는 생각에 오늘은 이 황금빛 커튼이 달려 있는 둥근 창문

밖의 풍경도 사랑스러워 보였습니다. 도로시는 사람들의 배웅을 받으며 떠나는 상상을 하며 잠에 들어, 숙모와 삼촌을 만나는 행복한 꿈을 꾸었습니다.

공정함

수업을 시작하려는데, 도로시와 토토가 심각하게 무엇인가를 이야기하고 있었습니다. 오늘 사회 숙제를 하기 위해서는 컴퓨터가 필요한데, 학교에는 컴퓨터가 한 대밖에 없었기 때문입니다. 도로시와 토토는 컴퓨터를 누가 먼저 사용할 것인지에 대해 말하고 있었습니다. 가만히 아이들의 이야기를 듣고 있던 카르다노 선생님은 말을 꺼내셨습니다.

들어 보니, 두 사람 모두 컴퓨터를 사용해야 하는 이유가 합당하구나. 한 사람이 먼저 사용하고 바로 다음 사람이 사용하면 좋겠지만, 그것도 서로 먼저 사용해야 한다고 주장하겠지? 아무튼 누군가는 먼저 사용해야 하는데 누가 먼저 사용할지를 공정하게 결정해 보자.

"그래요. 지난 시간에 고대 사람들이 했듯이 우리도 신의 뜻에 맡겨요. 이 병뚜껑 어떨까요? 이 병뚜껑을 던지면 뒤집히든지,

바로 놓이든지 둘 중에 하나잖아요? 제가 뒤집히는 쪽을 택할게요. 도로시, 너는 바로 놓이는 쪽을 택해. 던지는 것은 선생님이 해 주세요."

"토토! 그건 공정하지 못해. 실험을 해 봐야겠지만, 한눈에 보기에도 양쪽의 확률이 달라."

그래, 병뚜껑이 뒤집히는 쪽과 바로 놓이는 쪽의 확률이 어떨지는 실험을 해 봐야 알 수 있지. 그런데, 지난 시간에도 실험해 보았듯이, 실험한 횟수가 많을수록 정확한 값을 얻을 수 있단다. 지금 그거 던지는 실험을 하기에는 시간 낭비일 것 같은데? 병뚜껑 말고 공정하게 결정할 수 있는 도구는 무엇이 있을까?

"동전이요! 동전은 양쪽이 나올 가능성이 같아 보여요. 토토, 이 500원짜리 동전을 던져서 그림 있는 쪽이 나오면 내가 컴퓨터를 먼저 사용하고, 숫자가 있는 쪽이 나오면 네가 먼저 사용하도록 해."

그래. 공정하기 위해서는 이처럼 각각의 가능성이 같아야 한단다. 그런데, 동전의 앞면과 뒷면이 나올 가능성이 같다는 것도 어찌 보면 추측에 불과한 것이지. 앞면과 뒷면이 나올 가능성이 완전히 같은 완벽한 동전을 만드는 것은 인간의 능력상 불가능하기 때문이란다.

다만, 사람들은 각 경우가 나올 가능성이 같은 도구를 찾기 위해서 수만 번씩 던져 보는 것보다는 양쪽의 확률이 같다고 믿을 만한 근거가 있는 도구를 사용하곤 한단다.

동물의 뼈로 신에게 제사를 지내던 사람들은 그것을 놀이로 발전시키기도 했지. 고대 바빌로니아의 유물 중에 말판이 발견되기도 했고, 또 로마의 아우구스투스 황제는 주사위 놀이를 매우 좋아했다는 기록이 있단다. 주사위 놀이는 고대 중국과 인도 등의 기록에도 등장하고 있지.

카르다노는 주머니에서 다면체 모양의 장난감을 꺼냈습니다.

이건 통일 신라시대의 유물 모형이야. 주령구라고 하는데, '술 마실 때 벌칙 주며 노는 도구' 라는 뜻이지. 각 면을 자세히 보면 6개의 정사각형과 8개의 육각형으로 둘러싸여 총 14면으로 되어 있단다.

각 면에는 '한 번에 술 석 잔 마시기', '술 다 마시고 크게 웃기', '다른 사람이 귀찮게 해도 가만히 있기' 등의 재미있는 벌칙이 적혀 있어.

"귀족들이 놀았다고 하기에는 좀 유치한 거 아니에요?"

그런데, 동물의 뼈로 만든 주사위를 가지고 나라의 중요한 일을 결정하거나 놀이를 하던 사람들은 점차 각 면이 나올 확률이 다르다는 사실을 깨닫기 시작했지. 그리고 일을 결정할 때 사용할 만한 공정한 도구에 대해 생각하게 되었단다.

현대와 같은 주사위는 1600년대 초 갈릴레오가 공정한 주사위 모형을 제안하면서 등장했어. 하지만 그 역사는 앞에서도 이야기했듯이 고대 선사시대부터라고 할 수 있지.

공정함을 위한 도구로 주사위 말고 또 무엇이 있을까?

"저희 반에서는 한 달에 한 번씩 자리배치를 바꾸거든요. 그런데 서로들 앞에 앉겠다고 해서 제비뽑기를 해요. 배치 방식을 달리하니 그전보다 불만이 적은 것 같아요."

그래. 제비를 뽑는다는 것은 우연에 의한 것으로 신이 아닌 그

누구의 의지도 개입되지 않았다는 것을 알기 때문이지. 제비뽑기 방법도 역사가 오래되었어. 이 역시 공정함을 위한 도구란다. 구약성서에 보면, 땅을 공정하게 분배하기 위해서 제비를 사용했지. 제비라는 영어 단어 lot에는 '토지의 한 구획'이라는 뜻과 '운명, 운'이라는 뜻도 있단다. 중요한 일을 제비뽑기로 결정했고 그에 따라서 운명이 달라졌음을 추측해 볼 수 있지.

수학적 확률이란

자, 그럼 이제 확률을 본격적으로 계산해 볼까?

어떤 시행에서 각 경우가 일어날 가능성이 같다면,

어떤 사건 A가 일어날 확률은

$$\frac{\text{사건 A가 일어나는 경우의 수}}{\text{일어날 수 있는 모든 경우의 수}}$$

라고 할 수 있단다.

앞에서 계속 얘기했지만, 각 경우가 일어날 가능성이 같은 경우에는 이런 식으로 확률을 구할 수 있단다. 그리고 결국 확률을 제대로 구하기 위해서는 경우의 수를 정확히 알아내는 것이 중요하지.

주사위를 던져서 자연수가 나올 확률은? 한 번 구해 볼래?

"일어날 수 있는 모든 경우의 수는 6이고, 자연수가 나오는 경우의 수도 6이니까 $\frac{6}{6}=1$ 아닌가요?"

그럼, 주사위를 던져서 음수가 나올 확률은?

"모든 경우의 수가 6인 것은 맞는데……. 음수는 주사위에 없어요. 그러니까…… 음수가 나오는 경우의 수는 0이고, 음수가 나올 확률은 $\frac{0}{6}=0$인가요?"

그래. 다시 말하면,

1) 반드시 일어나는 사건의 확률은 1

2) 절대로 일어날 수 없는 사건의 확률은 0

3) 어떤 사건의 확률을 p라고 하면, $0 \leq p \leq 1$

이 된단다.

"선생님, 그런데요, 저는 교탁 바로 앞에 앉고 싶거든요, 그런데 계속 다른 아이들만 그 자리를 뽑는 거예요. 왜 저는 제비뽑기가 불공평하게 느껴질까요?"

도로시가 의심이 가득한 얼굴로 질문했습니다.

토토, 네가 한 번 해 볼래? 제비뽑기로 자리를 정하는 거야, 교탁 바로 앞에는 두 자리가 있고, 너희 전체가 40명이라고 한다면, 네가 교탁 바로 앞에 앉을 가능성은 얼마나 될까?

"전 교탁 바로 앞에 앉는 거 별로 안 좋아하는데요."

그래도 그런 불행한 사태가 벌어질 가능성도 생각해 두는 게 좋지 않을까?

"그러네요! 음……. 제비는 총 40개가 있으니까, 제가 제비를 뽑을 때 일어날 수 있는 모든 경우의 수는 40이고요. 교탁 바로 앞의 제비를 뽑는 경우의 수는 2에요. 따라서 제가 교탁 앞에 앉을 확률은 $\frac{2}{40}=0.05$가 되네요. 5%라……. 제가 교탁 앞에 앉을 가능성은 희박하다고 할 수 있겠죠. 하하하~~"

그럼 토토, 네가 교탁 앞자리가 아닌 곳에 앉게 될 확률은 얼마
일까?

"전체 경우의 수 40 중에서 교탁 앞이 아닌 곳의 제비는 38개
이니까, $\frac{38}{40}=0.95$이네요."

그 때, 도로시가 말했습니다.

"선생님! 그걸 이렇게 생각할 수도 있겠는데요. 우리는 전체 가능성을 1로 보았잖아요. 1에서 교탁 앞자리에 앉을 확률인 0.05를 빼면 0.95가 나와요."

그래, 토토도 도로시도 잘했다. 교탁 앞자리가 아닌 곳에 앉을 확률은 $\dfrac{40-2}{40} = \dfrac{40}{40} - \dfrac{2}{40} = 1 - 0.05$, 즉 (1−교탁앞자리에 앉을 확률)이 된단다.

> 사건 A가 일어날 확률을 p라고 하면,
> 사건 A가 일어나지 않을 확률은 1−p라고 할 수 있지.

라고 할 수 있지.

확률의 합

토토! 이번에는 제비뽑기를 해서 교실의 양쪽 가장자리에 앉게 될 가능성을 구해 볼래?

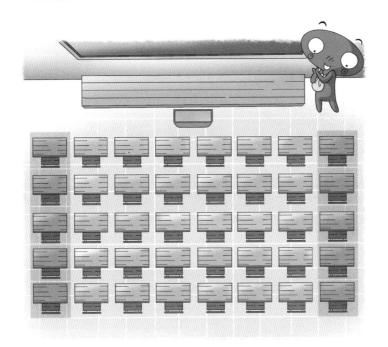

"그건 좋아요! 저는 구석을 좋아하거든요. 저희 반 교실은 앞에 서부터 모두 5줄이에요. 왼쪽 가장자리가 5자리, 오른쪽 가장자리가 5자리이니까, 양쪽 가장자리는 10개가 있어요. 따라서 제가 양쪽 가장자리에 앉게 될 확률은 $\frac{10}{40}=0.25$가 되요."

"이렇게 생각하면 어떨까요? 양쪽 가장자리에 앉는다는 것은 왼쪽 가장자리 또는 오른쪽 가장자리에 앉는 것이니까, 왼쪽 가장자리에 앉을 확률 $\frac{5}{40}$에 오른쪽 가장자리에 앉을 확률 $\frac{5}{40}$을 더해서 $\dfrac{10}{40}$이거든요."

　그래, 둘 다 아주 잘하는구나. 양쪽 가장자리에 앉는 경우의 수 10은 왼쪽 가장자리에 앉는 경우의 수 5와 오른쪽 가장자리에 앉는 경우의 수 5를 더한 것이지? (양쪽 가장자리에 앉을 확률)이 $\dfrac{5+5}{40}=\dfrac{5}{40}+\dfrac{5}{40}$라고 생각하면, (왼쪽 가장자리에 앉을 확률)+(오른쪽 가장자리에 앉을 확률)이라고 계산할 수도 있겠구나.

　식으로는 이렇게 정리할 수 있어.

사건 A, B가 동시에 일어나지 않을 때,

사건 A 또는 사건 B가 일어날 확률은

(사건 A가 일어날 확률)+(사건 B가 일어날 확률)

　그런데, 위의 식을 이용할 때 주의할 점이 있어. 자, 교실에서 맨 뒤에 앉거나 또는 오른쪽 가장자리에 앉을 확률을 구하면 어떻게 될까?

　토토가 자신 있게 손을 번쩍 들었습니다.

"저희 반 교실은 맨 뒷자리가 8자리이고요, 오른쪽 가장자리는 5자리에요. 음…… 맨 뒤에 앉을 확률은 $\frac{8}{40}$이고, 오른쪽 가장자리에 앉을 확률은 $\frac{5}{40}$에요. 따라서 맨 뒤나 가장자리에 앉을 확률은 $\frac{5}{40} + \frac{8}{40} = \frac{13}{40}$이에요. 하하~~"

"그런데요, 선생님. 실제로 맨 뒤나 오른쪽 가장자리에 앉은 학생을 세어 보면 12명인데요. 그림 맨 뒤나 오른쪽 가장자리에 앉을 확률은 $\frac{12}{40}$가 되는 것 아닌가요?"

도로시가 이상하다는 듯이 말했습니다.

그래 맞아. 그러니까 위의 식을 이용할 때는 두 사건이 동시에 일어나지 않는다는 조건이 성립하는지 여부를 확인하고 사용해야 한단다. 실제로 교실 가장자리의 제비를 뽑는 사건과 교실의 맨 뒤인 제비를 뽑는 사건은 동시에 일어날 수 있지. 바로 교실 맨 뒤 오른쪽 구석 자리를 뽑으면 말이다.

카르다노가 들려주는 확률 1 이야기

❶ 어떤 시행에서 각 경우가 일어날 가능성이 같다면,

어떤 사건 A가 일어날 확률은

$$\frac{\text{사건 A가 일어나는 경우의 수}}{\text{일어날 수 있는 모든 경우의 수}}$$

❷ 확률의 성질

1) 반드시 일어나는 사건의 확률은 1
2) 절대로 일어날 수 없는 사건의 확률은 0
3) 어떤 사건의 확률을 p라고 하면, $0 \le p \le 1$

❸ 사건 A가 일어날 확률을 p라고 하면,

사건 A가 일어나지 않을 확률은 $(1-p)$가 된다.

❹ 확률의 곱

사건 A, B가 동시에 일어나지 않을 때,

사건 A 또는 사건 B가 일어날 확률은

(사건 A가 일어날 확률)+(사건 B가 일어날 확률) 이 된다.

프로드의
사기 행각

한 사건의 확률을 구할 때 많은 자료를 구할수록
더 정확한 값을 얻을 수 있습니다.

네 번째 학습 목표

1. 큰 수의 법칙에 대해서 알 수 있습니다.
2. 확률의 곱을 구할 수 있습니다.

카르다노의
네 번째 수업

토토와 도로시는 아침 일찍부터 수행 비서를 앞세우고 도로시의 집이 있는 곳으로 나섰습니다. 얼마나 고쳐졌는지 보러 간다고 했지만, 실은 집이 부서지고 망가졌더라도 그곳에 가면 삼촌과 숙모에 대한 그리움을 조금이라도 달랠 수 있을 것 같았기 때문입니다.

공평청을 벗어나 집이 있는 곳으로 가는 길의 풍경은 이곳에 처음 오던 날과 비슷했습니다. 사람들은 온통 몇 명씩 모여서 내기에 열중하고 있었습니다. 그날과 다른 점이 있다면 모두들 주사위를 던지고 있다는 것이었습니다. 도로시가 주사위를 수 상에게 만들어 준 것이 바로 어제였는데, 능력 있는 공평청은 어느새 주사위를 제작하여 온 나라에 보급한 것으로 보였습니다. 신기해 하는 도로시에게 비서가 신문을 보여주었습니다. 신문 1면에는 주사위에 관한 기사가 실려 있었습니다.

어느 정도 걷다 보니 길 한쪽 커다란 광고판에 황금 주사위 광고가 붙어 있었습니다. 아마도 부유층 사람들이 사용하는 주사위인 듯합니다.

"공평을 좋아하는 이 나라에도 빈부 차이는 있나 보네요."

라는 도로시의 말에 비서는 그런 사람들을 속이는 사기꾼도 있으며, 사기꾼을 찾아내서 벌을 주는 일도 공평청의 중요한 일

중 하나라고 했습니다.

　한참을 걸어서 어느덧 도로시의 집이 있는 곳에 거의 다 왔을 때였습니다. 병사 몇 명이 도로시 일행의 앞을 가로막았습니다.

　"이 곳은 출입이 제한되어 있는 곳이니 돌아가십시오."

　도로시네 집 앞에는 노란 줄이 둘려 있었고, '출입 금지'라는 푯말이 붙어 있었습니다. 고개를 빼고 보니, 도로시네 집은 구덩이에서 꺼내어져 있었습니다.

　그런데, 어딘지 이상했습니다. 집을 고치는 일이 한창 진행되고 있어야 할 곳에 일하는 사람은 보이지 않고 십여 명의 병사들만이 삼엄한 경비를 서고 있었습니다. 집만 구덩이에서 꺼내져 있을 뿐 여기저기 부서진 곳은 전혀 수리가 되어 있지 않았습니다.

　도로시는 실망이 너무 큰 나머지 눈물이 흘리고 말았습니다.

　'이제 곧 떠날 수 있을 줄 알았는데……. 수상은 왜 집을 고쳐 주지 않고 오히려 고치고 있다고 거짓말을 한 것일까…… 이렇게 극진히 대접해 주고 있으면서…….'

　병사들이 더 이상 집으로 접근하는 것을 막았기 때문에 그곳에 있을 수 없었습니다. 도로시는 슬픈 마음을 안고 공평청으로 발길을 돌렸습니다. 하지만 토토는 무엇이 그리도 신이 났는지 룰루랄라 노래까지 흥얼거리면서 걷다가 심지어 사람들이 모여 있는 곳에 가서 참견까지 했습니다.

"뭐하는 곳이기에, 사람이 이렇게 많지?"

토토가 가리킨 곳을 보니 아주 많은 사람들이 모여서 시끌벅적했습니다. 토토는 사람들이 무엇을 하고 있는지 몹시 궁금해져서 무리 사이로 고개를 들이밀었습니다.

그들은 이제까지 도로시 일행이 보아온 나라 사람들의 내기 모습과는 좀 달랐습니다. 이제까지 보아 온 내기는 무엇인가를 공평하게 결정하기 위한 것이었습니다. 정말 어처구니없는 일일지라도 그것을 공평하게 결정하기 위해 원판을 돌리고 복사뼈를 던지고, 그리고 주사위를 던졌습니다. 하지만, 지금은 사람들이 가운데에 탁자를 하나 놓고 큰 소리로 떠들고 있는 한 사람을 주시하고 있었습니다.

"또 나와 내기할 사람 없습니까? 이 내기처럼 나한테 불리한 것도 없어요. 여러분들은 이 주사위에서 숫자 네 개를 고르면 됩니다. 주사위 두 개를 던져서 당신들이 선택한 숫자 중에 하나씩 나오면 내가 1슐란을 드리고, 그렇지 않으면 당신들이 내

게 1슐란을 내면 되요~! 자~! 도전해 보세요. 이처럼 당신들한

테 유리한 내기가 어디 있겠소."

1슐란은 이 나라의 화폐 단위로 과자 한 봉지 값 정도인 부담

없는 금액입니다. 주사위에는 총 6개의 숫자가 있고, 그중에 네

개를 골라 빨강 주사위에서도 그중에 하나, 파랑 주사위에서도

그중에 하나가 나오면 되므로, 사람들은 너도나도 내기에 도전

하고 있었습니다.

"이 나라에 왜 빈부 격차가 있는지 알겠어. 난 이 나라가 너무 좋아. 이렇게 쉽게 돈을 벌 수 있는 기회가 어디 있겠어."

토토는 그렇게 말하고는 갑자기 손을 번쩍 들었습니다. 도로시와 비서가 말릴 틈도 없이 앞으로 나가더니 1슐란은 시시하다며 어제 수상으로부터 받은 황금 덩어리를 품에서 꺼내 내기로 걸고 싶다고 말했습니다. 잠시 고민하는 듯하던 남자는 토토가 이기면 자신은 백만 슐란을 내놓겠다며 수표를 꺼냈습니다. 이제 탁자에는 황금 덩어리, 백만 슐란짜리 수표, 그리고 빨강·파랑 주사위가 놓였습니다.

도로시의 비서는 안색이 아주 어두워져서, 도로시에게 말했습니다.

"말려야 해요. 저 사람은 프로드란 사람인데, 10년 전에 우리 집안은 저자와의 내기로 풍비박산되었지요. 내기는 우리에게 유리해 보였기에 전 재산을 걸었어요. 처음에는 저렇게 부담 없는 금액으로 시작했지만, 사람들은 점차 빠져들어서 많은 돈을 걸었죠.

그런데 어떻게 된 일인지 우리한테 유리해 보이는 내기에서 프로드가 이기는 횟수가 늘어갔어요. 물론 우리가 이길 때도 있었지만 프로드가 이기는 횟수가 더 많았고, 재산을 잃기 시작한 사람들은 공평청에 신고를 했죠. 공평청에서 조사를 벌였지만 아무 혐의점을 찾을 수 없었어요.

　그 이후로도 저자는 계속 내기를 하고 방방곡곡을 돌아다니며 부를 축적한다는 소문이 떠돌았어요. 우리나라에서 프로드에 대해서 잘 모르는 사람들은 내기에 응했을 거예요. 초호화 빌라가 여러 채이고 억만장자가 되었다는 말도 들었거든요. 이제 주사위가 유행을 하니까 주사위로 새로운 내기를 시작했나 본데, 조심해야 되요. 어떤 속임수를 쓰고 있는지 몰라요.”

　도로시는 토토를 말렸지만, 이미 내기에 빠져든 토토는 도로시의 말을 들을 생각도 하지 않았습니다. 카르다노로부터 가능성에 대해서 계산하는 방법을 배웠기 때문에 토토는 자신에게 모든 상황이 유리하다고 굳게 믿고 있었습니다.

　“이건 절대적으로 나에게 유리한 내기야. 우린 이미 확률의 가능성을 계산하는 방법을 배웠잖아. 내가 백만 슐란을 벌어갈 테니 걱정 마. 이 황금 덩어리는 우리 공동소유지만 내기에 나선 건 나니까, 나중에 백만 슐란 달라고나 하지 마셔~”

　결국 내기는 벌어졌습니다. 토토는 주사위 숫자 중 1, 2, 3, 4

주사위의 숫자 6개 중 나는 4개를 고를 수 있는 거니까 내가 절대적으로 유리하다고!

1, 2, 3, 4를 고르겠어.

으악! 내가 지고 말았어.

네 개를 골랐습니다. 사람들은 너무 큰 내기가 된 상황에 완전히 몰입했습니다.

공정한 내기를 좋아하는 사람들답게 구경꾼들 중 한 사람이 나와 공평청 인증을 받은 주사위들인지 확인이 끝난 후 빨강 주사위와 파랑 주사위가 던져졌습니다. 모두의 눈은 두 개의 주사위로 향했습니다.

파랑 주사위에서는 토토가 고른 4가 나왔습니다. 그리고 빨강 주사위에서는…… 5가 나오고 말았습니다. 모두의 탄성이 흘렀고, 토토는 이 상황이 믿기지 않는 듯 자리에 털썩 주저앉고 말았습니다. 프로드는 안타깝지만 자기가 이겼다며 황금 덩어리와 수표를 집어 품 안에 넣었습니다. 도로시와 비서는 실신하기 일보 직전인 토토를 데리고 공평청의 방으로 돌아왔습니다.

도로시는 이런저런 생각들로 머릿속이 복잡해졌습니다.

'수상은 왜 집을 안 고치고 있는 걸까? 그리고 황금 덩어리를 순식간에 날려 버리고 몸져누운 토토는 어떻게 해야 하나? 아까의 내기에는 어떤 문제가 있었던 걸까……? 프로드는 어떻게 내기에 이기고 있는 거지?'

늘 낙천적이고 즐거운 도로시였지만 오늘 하루는 괴롭고 힘들기만 했습니다. 이 상황을 어떻게 헤쳐 나가야 할지……. 날 도와줘야 할 요정은 몸져누워 있고……. 도로시는 갑자기 너무나 외로워졌습니다. 그때, 늘 묵묵히 도로시를 수행하던 비서가 입을 열었습니다.

"도로시 님, 사실……. 집수리가 중단된 것은 수상님의 명령 때문이에요. 어진 수상님께서는 처음에 순수한 마음으로 당신들을 돕고 싶어 하셨죠. 그래서 당신들이 오던 바로 그날 집을 꺼내도록 명령하여, 인부 여럿이 보내졌고요.

그런데 당신들이 공평 문제를 쉽게 해결하기 시작하자, 수상님의 마음이 바뀌셨어요. 당신들은 우리나라의 공평 문제를 해결할 인재라고 판단하신 거죠. 당신들을 속인 것은 분명하지만, 수상님을 너무 원망하지는 말아 주세요. 국민을 위하는 마음이 더 크셨던 거니까요.

그런데…… 제가 이런 말씀을 드리는 것은 프로드를 응징해 주십사 하는 부탁을 드리고 싶어서에요. 그자는 모든 사람을 속이고 있는 것이 분명하거든요. 그러지 않고서야 내기를 계속하며 그런 재산을 모았을 리 없잖아요. 우리 집뿐만 아니라 우리 마을의 수많은 집들은 프로드 때문에 풍비박산 났어요. 많은 사람들이 삶에 의욕도 잃고, 서로를 못 믿게 되었답니다. 인심도 흉흉해졌고요.

당신들이 우리나라에 꼭 필요한 인재라 영원히 이곳에 머무르셨으면 좋겠다는 마음은 저도 크지만, 프로드가 더 이상 내기를 못하게 막는 것이 더 중요한 문제인 것 같아요. 이 나라에서는 공평하지 않은 내기로 번 돈은 모두 압수되고, 감옥에 갇히게 되어 있어요. 당신이 그자의 혐의를 증명해서 수상에게 해결책을 제시해 주는 대신, 집을 완전히 고쳐달라고 협상해 보세요."

도로시는 이제 조금 해결책이 보이는 듯했습니다. 수상이 원망스럽기는 했지만, 국민을 위하는 마음이 조금은 이해가 되기도 했습니다. 비서의 말대로 프로드가 사기 내기를 하는 것이 사실이라면, 그것을 막는 것도 중요한 일 같았습니다.

도로시는 수상을 찾아갔습니다. 그리고 집이 고쳐지지 않는다는 것을 보았다는 사실과, 프로드의 일을 조사해 보겠다는 말을 했습니다. 수상은 그동안 도로시를 속이고 있는 것이 너무 미안했지만 나라를 위해 어쩔 수 없었다고 대답했습니다. 그리고 그럴수록 도로시 일행을 더 극진히 대접하려고 애썼다고 말했습니다.

프로드의 일은 수상도 잘 알고 있었습니다. 그러나 그의 내기를 면밀히 조사했음에도 불구하고 무혐의로 풀어줄 수밖에 없었다며, 프로드 문제를 해결해 준다면 이번에는 정말로 보내주겠노라고 약속했습니다.

수상의 말은 진심인 것 같았기 때문에 도로시는 마지막으로 수상을 믿어 보기로 했습니다. 프로드 문제를 해결해서 그동안 진심으로 배려해 준 이 나라 사람들을 돕고 싶었습니다. 그래서 먼저 비서에게 프로드의 예전 내기에 대해 물었습니다.

프로드는 속이 보이지 않는 통 속에 공 세 개를 넣고 다녔다고 했습니다. 두 개의 공은 까만색이고 하나의 공은 하얀색이지만, 공 세 개의 모양이 아주 똑같아서 만지기만 해서는 구분이 전혀 가지 않았다고 했습니다. 내기를 하는 상대는 통 속에 두 손을 넣고 양 손에 공을 잡아 꺼내는데, 양 손에 까만 공이 들려 있으면 상대가 이겨서 돈을 딸 수 있는 내기였다고 합니다.

사람들은 세 개 중 두 개인 검은 공을 쉽게 잡으리라 생각하고 내기에 응했습니다. 내기에서 프로드를 이겨 돈을 따는 사람도 있었지만, 웬일인지 프로드가 이기는 횟수가 더 많아 보였습니다. 사람들은 점차 그 속이 보이지 않는 통 속에 속임수가 있다고 생각하게 되었습니다. 공평청에 신고를 하여 공평청에서는 통을 가져다가 면밀히 조사도 해 보았지만 통에는 아무런 문제가 없었습니다. 의심은 갔지만 프로드가 사람들을 속이고 있다는 증거를 찾을 수 없었기 때문에 프로드를 풀어줄 수밖에 없었다고 했습니다.

도로시는 가만히 생각해 보았습니다. 토토도 프로드에게 황금을 찾아올 생각에 비서의 말을 진지하게 듣고 있었습니다. 세 개의 공 중에 까만 공이 두 개나 되니까 양 손에 까만 공이 들려 있을 가능성이 훨씬 커 보이는데…….

도로시는 카르다노 선생님으로부터 처음 확률에 대해 배울 때를 떠올려 보았습니다. 당시 복사뼈의 각 숫자가 나올 가능성을 알아보기 위해서 계속 던져 보는 실험을 했는데……. 생각을 거듭하던 도로시는 비서에게 프로드가 갖고 다녔던 상자와 공을 비슷하게 제작해 달라고 부탁했습니다. 이제 공평청의 최대 관심사는 도로시가 프로드 문제를 해결할 수 있는가였기 때문에 인력이 총동원되어 불과 몇 분 만에 상자와 공을 만들어 왔습니다. 토토가 상자 안에 양손을 넣어 공 두 개를 꺼내고, 그것을 도로시가 기록하는 일을 반복했습니다.

토토가 상자에 양손을 넣어 공을 꺼낸 총 횟수	양손에 까만 공이 들려 나온 횟수
10	6
50	21
100	39
500	161
1000	351
5000	1702
10000	3293

처음 10번을 시도했을 때에는 6번이나 양손에 까만 공이 들려 나와서, 양손에 까만 공이 들려 나올 가능성이 커 보였습니다. 하지만 횟수가 거듭할수록 100번 중에 39번, 1000번 중에 351번, 10000번 중에 3293번으로 양손에 까만 공이 들려 나올 가능성이 그렇지 않을 가능성보다 적은 것으로 나타났습니다. 왜 그런지는 모르겠지만, 일단 실험 결과로는 프로드가 이길 가능성이 큰 내기였던 게 확실해 보였습니다.

곰곰이 생각을 하던 도로시는 무릎을 탁 쳤습니다. 아하~!! 그렇지!!

"토토! 이건, 확실히 프로드에게 유리한 내기였어. 봐봐! 세 개의 공에 번호를 붙여 볼게. 까만 공 중에 한 개는 1번, 또 다른 한 개는 2번, 그리고 하얀 공에 3번.

1번 공   2번 공   3번 공

그러면, 네가 손을 넣어서 공을 꺼내올 경우는

1번   2번   1번   3번   2번   3번

이렇게 총 세 가지가 있어. 그중 까만 공 두 개를 뽑는 경우는 이 한 가지뿐이야. 따라서 까만 공 두 개를 잡을 가능성은 $\frac{1}{3}$인 거야!

반면에 프로드가 이길 가능성은 총 경우의 수에서 까만 공 두 개가 들리지 않는 경우이니까 총 가능성 1에서 $\frac{1}{3}$을 뺀 1−

$\frac{1}{3}=\frac{2}{3}$인 것이고."

도로시의 말을 듣고 있던 비서가 말했습니다.

"그렇죠? 프로드는 분명 자신한테 절대적으로 유리한 내기를 했던 거였군요. 하지만, 그건 옛날 일이에요. 프로드는 이제 주사위로 내기를 하고 있으니, 그것이 프로드에게 유리하다는 것을 증명해야 더 이상 내기를 못하게 할 수 있어요."

토토가 두 개의 주사위를 던진 총 횟수	두 개의 주사위에서 1부터 4까지의 숫자가 나타난 횟수
10	7
50	15
100	49
500	203
1000	421
5000	2251
10000	4411

토토는 황금 덩어리를 찾겠다는 일념에 시키지도 않았는데 벌써 주사위 두 개를 던지면서 실험을 하고 있었습니다. 토토가

내기를 했던 방식처럼 두 개의 주사위에서 1부터 4까지의 수가 나타나면 기록을 했습니다. 10번, 100번, 1000번, 10000번을 던지도록 불평 한마디 없이 열심히입니다. 그런데 결과는 또다시 프로드에게 유리한 것으로 나타났습니다.

정말 신기한 일이었습니다. 그리고 아무리 생각해도 이유를 알 수가 없었습니다.

'카르다노 선생님께 배운 대로라면 주사위는 1부터 6까지 총 6가지가 나타날 수 있고, 1부터 4까지라면 4가지……. 빨강 주사위를 던져서 1부터 4까지가 나타날 가능성은 4를 총 경우인 6으로 나누어 $\frac{4}{6}=\frac{2}{3}$가 되는데……. 그럼 그 가능성은 절반이 넘고, 토토가 더 유리하지 않은가? 이건 파랑 주사위도 마찬가지일 텐데…….'

실험으로 결과를 확인했으니, 이것을 증명하기만 하면 되는 일이었습니다. 그런데 어떻게 증명해야 할지 아무리 생각해도 알 수가 없었기 때문에, 도로시는 토토에게 카르다노 선생님을 부르자고 부탁했습니다. 가루가 얼마 남지 않았기 때문에 토토는 약간 염려가 되었지만, 일단 집도 고치고 사람들을 도울 수 있는 방법은 카르다노 선생님을 부르는 일밖에 없다고 판단했습니다.

토토가 가루를 벽난로에 뿌리고 주문을 외우자 카르다노 선생님은 여전히 투덜거리며 나타나셨습니다. 그동안 하지 못했던 일들을 정신없이 하고 있는데 왜 다시 불렀냐며. 하지만 도로시가 그간의 사정을 들려 드리자, 카르다노 선생님은 매우 흥미롭게 생각하셨습니다. 그리고 두 개의 주사위로 실험한 내용을 들으시고는 아주 잘 했다고 말씀하셨습니다.

어떤 현상에 의문을 갖고 실험을 하는 것은 아주 좋은 습관이란다. 그리고 실험도 아주 잘했구나. 결과가 아주 잘 나왔어. 프로드란 사람은 영리하구나. 그가 가능성을 계산하는 법을 알고 그런 내기를 했는지 아닌지는 모르겠지만, 실험을 통해서건 직관으로건 자신에게 유리한 내기만을 하고 있어.

공 세 개로 내기의 가능성을 계산한 것처럼 이 문제도 실험을 통해 해결할 수 있단다. 우선 빨강 주사위와 파랑 주사위를 던져서 나올 수 있는 모든 경우를 한번 적어 보자. 빨강 주사위를 앞쪽에, 파랑 주사위를 뒤에 적어 보거라. 예를 들어, 빨강 주사위가 3, 파랑 주사위가 5가 나왔다면, (3, 5)라고 적으면 된다.

토토와 도로시는 카르다노 선생님이 말씀하신 대로 두 주사위에서 나올 수 있는 모든 결과를 적어 보았습니다.

$$(1, 1) \quad (2, 1) \quad (3, 1) \quad (4, 1) \quad (5, 1) \quad (6, 1)$$

$$(1, 2) \quad (2, 2) \quad (3, 2) \quad (4, 2) \quad (5, 2) \quad (6, 2)$$

$$(1, 3) \quad (2, 3) \quad (3, 3) \quad (4, 3) \quad (5, 3) \quad (6, 3)$$
$$(1, 4) \quad (2, 4) \quad (3, 4) \quad (4, 4) \quad (5, 4) \quad (6, 4)$$
$$(1, 5) \quad (2, 5) \quad (3, 5) \quad (4, 5) \quad (5, 5) \quad (6, 5)$$
$$(1, 6) \quad (2, 6) \quad (3, 6) \quad (4, 6) \quad (5, 6) \quad (6, 6)$$

모두 몇 가지가 나오니?

"하나, 둘, 셋, 넷, … ,서른넷, 서른다섯, 서른여섯, 헥헥……
모두 36가지에요."

토토가 숨을 헐떡이며 총 36가지라고 말하자, 도로시가 토토
를 살짝 무시하는 듯이 말했습니다.

"토토, 그걸 뭐하러 다 세고 있어. 봐봐, 가로가 6줄, 세로가 6
줄이잖아. $6 \times 6 = 36$으로 계산하면 되는데. 하하"

그래, 아주 잘하는구나. 주사위 두 개를 던질 때 나오는 총 경
우는 36가지가 나오지? 그럼, 이번에는 우리가 원하는 경우, 즉
두 주사위에서 모두 1부터 4까지의 숫자가 나오는 경우를 세어
보거라.

토토는 하나씩 세어 보려다가 도로시의 눈치를 슬쩍 살피더

니, 모든 경우를 적어놓은 표에 다음과 같이 표시를 했습니다.

$$(1, 1) \quad (2, 1) \quad (3, 1) \quad (4, 1) \quad (5, 1) \quad (6, 1)$$
$$(1, 2) \quad (2, 2) \quad (3, 2) \quad (4, 2) \quad (5, 2) \quad (6, 2)$$
$$(1, 3) \quad (2, 3) \quad (3, 3) \quad (4, 3) \quad (5, 3) \quad (6, 3)$$
$$(1, 4) \quad (2, 4) \quad (3, 4) \quad (4, 4) \quad (5, 4) \quad (6, 4)$$
$$(1, 5) \quad (2, 5) \quad (3, 5) \quad (4, 5) \quad (5, 5) \quad (6, 5)$$
$$(1, 6) \quad (2, 6) \quad (3, 6) \quad (4, 6) \quad (5, 6) \quad (6, 6)$$

"자, 두 주사위에서 1부터 4까지 나오는 경우는 요 네모 안에 있는 경우들이지. 이건 가로가 4줄, 세로가 4줄이니까 $4 \times 4 = 16$가지야."

토토가 어깨를 으쓱하며 자랑스럽게 말하자, 도로시는 환호를 지르며 말했습니다.

"아! 이제 알겠어요. 두 주사위에서 1부터 4까지의 숫자가 나타날 가능성은 16가지. 이를 총 경우인 36으로 나눈 $\frac{16}{36}$, 즉 $\frac{4}{9}$가 되요. 답을 보니 절반이 되지 않네요. 그럼 우리가 이길 가능성은 $\frac{4}{9}$이고, 프로드가 이길 가능성은 $1-\frac{4}{9}=\frac{5}{9}$가 되어서, 프로드한테 유리한 내기였어요!!"

그래 아주 잘했어. 두 주사위에서 모두 1부터 4까지의 숫자가 나와서 토토가 이길 가능성은 $\frac{4}{9}$이고, 소수로 계산하면 0.4444…가 되는구나. 계산으로 얻어낸 결과를 아까 너희들이

실험한 결과와 비교해 볼까? 너희들이 적어놓은 표 옆에 두 주사위에서 1~4의 숫자가 나온 횟수를 총 횟수로 나눈 값을 적어 보렴.

토토가 두 개의 주사위를 던진 총 횟수A	두 개의 주사위에서 1부터 4까지의 숫자가 나타난 횟수	$\dfrac{B}{A}$
10	7	0.7
50	15	0.3
100	49	0.49
500	203	0.406
1000	421	0.421
5000	2251	0.4502
10000	4411	0.4411

도로시는 얼른 계산을 하여 적기 시작했습니다.

"어? 던지는 횟수가 많아질수록 계산해서 얻어 낸 가능성 0.4444… 와 비슷해지고 있어요."

그래. 주사위가 정말 정확하게 만들어져서 각 면이 나올 가능

성이 동일하다면, 던지는 횟수가 많아질수록 계산해서 나온 결과와 비슷해진단다. 하지만 이건 '던지는 횟수가 많을수록'이란 걸 잊지 말거라. 표에서 보듯이 10번 던졌을 때 숫자가 나온 횟수가 7번이나 되니까 가능성이 0.7이라고 생각해선 곤란하지. 실험을 통해서 가능성을 알아볼 때에는 많이 실험하면 할수록 계산을 통해서 얻어지는 값과 가까워진단다.

그런데, 사실 이렇게 계산할 때에도 아까 너희들이 한 것보다 훨씬 쉽게 답을 구할 수 있어.

토토는 어서 가서 프로드를 잡아다가 자신의 황금을 되찾고 싶은 마음이 간절했는데, 카르다노 선생님은 또 무엇을 설명한다고 하시고, 도로시는 또 그것을 진지하게 배우고 있으니 답답할 뿐이었습니다.

자, 아까 도로시가 두 개의 주사위를 던져서 나올 경우가 36이라는 것을 6×6이라는 곱셈 식으로 계산했지? 이것은 사실 빨강 주사위에서 나올 모든 경우 6과 파랑 주사위에서 나올 모든 경우 6을 곱한 것이란다. 마찬가지로 두 개의 주사위에서 1부터 4가 나올 경우의 가짓수인 16도 빨강 주사위에서 1부터 4가 나올 경우인 4와 파랑 주사위에서 1부터 4가 나올 경우 4를 곱한 것이지.

따라서 두 개의 주사위 모두에서 1부터 4가 나올 가능성은 $\frac{4 \times 4}{6 \times 6}$으로 계산하면 되겠지? $\frac{4 \times 4}{6 \times 6}$을 $\frac{4}{6} \times \frac{4}{6}$로 써 보면 뭔가 떠오르는 게 있니?

선생님의 설명을 초롱초롱한 눈빛으로 듣고 있던 도로시가 곰곰이 생각하더니 갑자기 생각난 듯 대답했습니다.

"$\frac{4}{6}$는요, 하나의 주사위에서 1부터 4까지의 숫자가 나타날 가능성이에요. 우리는 두 개의 주사위에서 모두 1부터 4까지의 숫자가 나올 가능성을 구해야 하는데, 빨강 주사위에서 1부터 4까지의 숫자가 나올 가능성인 $\frac{4}{6}$에 파랑 주사위에서 1부터 4까지의 숫자가 나올 가능성인 $\frac{4}{6}$를 곱한 거예요. 와!! 이렇게 계산하면 정말 쉬울 걸 그랬네요."

토토는 프로드가 도망가기 전에 얼른 잡아야 한다고 조르는데, 카르다노는 여전히 미소를 띠고 가능성 계산 가르치기에 푹 빠져 있습니다. 도로시도 이제 프로드 일은 잊었나 봅니다.

토토, 너도 한번 해 보거라. 내가 내는 문제를 맞히면 수상한 테 가도록 하자.

토토는 그제서야 눈빛을 반짝이며 카르다노의 설명을 듣기 시작했습니다.

총 경우의 수는 6×6이고
빨간 주사위와 파란 주사위 모두 1～4의
눈이 나올 경우의 수는 4×4이니까,
두 주사위 모두 1～4의 눈이 나올
가능성은 $\frac{4 \times 4}{6 \times 6}$ 이 되지.

이것을 $\frac{4}{6} \times \frac{4}{6}$ 으로
써 보면?

결국 빨간 주사위에서 1～4가
나올 가능성 파란 주사위에서
1～4가 나올 가능성을
곱한 것과 같지.

음……. 도로시가 아주 잘하니까 다른 문제를 한번 내 볼게.
자, 주사위 두 개를 던지는데, 빨강 주사위에서는 짝수가 나오
고- 파랑 주사위에서는 3의 배수가 나오게 될 가능성은 얼마
일까?

토토가 손을 번쩍 들었습니다.

"빨강 주사위에서 짝수가 나올 가능성은 $\frac{3}{6}=\frac{1}{2}$이구요, 파랑 주사위에서 3의 배수가 나올 가능성은 $\frac{2}{6}=\frac{1}{3}$이에요. 따라서 두 개의 주사위를 던질 때 빨강에서는 짝수, 파랑에서는 3의 배수가 나올 가능성은 $\frac{1}{2}\times\frac{1}{3}=\frac{1}{6}$이에요."

아이고, 이런 너희들이 이제는 가능성 계산 천재가 되었구나. 이제 내가 너희들을 도울 일은 없는 것 같으니, 이만 가도 되겠다. 토토, 얼른 나를 보내고 싶지? 하하.

자 보내주렴.

토토는 그 어느 때보다도 재빠르게 카르다노를 돌려보내는 명령어를 마법 수신기에 입력을 하였습니다. 그리고 도로시에게 어서 수상에게 가자고 졸라댔습니다. 도로시와 토토는 수상에게로 가서 프로드의 내기가 공정하지 못한 것을 증명할 수 있다고 말했습니다. 하지만 '정말 죄송한 일이지만 우선 집을 고치는 것을 확인한 후에 프로드의 내기가 왜 불공정한지 알려줄 수 있다'고 했습니다.

수상은 집은 이미 다 고쳤다고 말했습니다. 자신의 국민도 소중하지만 도로시 일행을 속인 일은 정말 후회한다며, 친히 귀빈

용 차에 도로시와 토토를 태우고 도로시의 집이 있는 곳으로 갔습니다. 정말 도로시의 집은 말끔하게 고쳐져 있었습니다.

도로시는 그립고 반가운 마음에 문을 열고 집안으로 들어가 보았습니다. 모든 것이 캔자스를 떠나올 때 그대로였는데, 도로시의 침대만이 달랐습니다. 하얀 레이스로 장식이 되어 있었던 것입니다. 수상은 집을 모두 수리하고 외벽도 꾸미고 내부도 모두 꾸며줄 계획이었다고 했습니다. 도로시는 수상에게 이 정도도 너무나 감사하다고 말하며, 카르다노에게 배운 대로 프로드의 내기가 어떻게 불공평한 것이었는지를 설명했습니다. 영리한 수상은 모든 내용을 이해했고, 프로드를 곧 잡아들여 그간 모아온 재산을 압수하고 토토의 황금 덩어리도 찾아주겠노라고 말했습니다. 하지만, 도로시는 황금 덩어리를 찾느라 시간을 더 지체하는 것보다 어서 캔자스로 가서 삼촌과 숙모를 보고 싶은 마음이 더 컸습니다. 그리고 이미 토토의 마법 수신기는 탑승을 알리는 불빛을 내기 시작했습니다.

도로시는 애초부터 황금 덩어리는 자신들에게 어울리지 않는 것이었다고 말하며, 그것을 그동안 자신들을 수행하고 도와준 비서에게 줄 것을 부탁했습니다. 도로시의 말에 토토는 다시 한

번 실신 직전의 표정을 지었고 도로시는 그런 토토의 팔을 이끌고 집안으로 들어섰습니다. 집은 수상과 비서, 그리고 공평청 사람들의 배웅을 받으며 서서히 떠오르기 시작했습니다.

확률의 곱

여기에 500원짜리와 100원짜리 동전이 있는데, 이걸로 뭘 할 수 있을까?

"음, 초코바 하나하고, 껌 한 통?"

아니, 우리는 확률 공부를 하고 있잖니? 동전으로 확률을 배워 보자.

이제부터 동전의 숫자가 있는 곳을 앞면, 그림이 있는 곳을 뒷면이라고 부르기로 하자. 이 동전 두 개를 던졌을 때, 두 동전 모두에서 앞면이 나올 확률은 얼마일까?

심각하게 생각하던 토토가 대답했습니다.

"확률은 $\dfrac{\text{그 사건이 일어나는 경우의 수}}{\text{일어날 수 있는 모든 경우의 수}}$ 로 구한다고 배웠잖아요. 동전 두 개에서 일어날 수 있는 경우는

(두 개 다 앞면), (두 개 다 뒷면), (앞면 뒷면이 하나씩)

이렇게 세 가지고 있고요. 그중에 두 동전이 모두 앞면인 경우는 한 가지에요. 따라서 두 동면 모두 앞면이 나올 확률은 $\frac{1}{3}$이랍니다~!"

가만히 듣고 있던 도로시가 말했습니다.

"제가 구한 것과는 전체 경우의 수에서 차이가 나는데요. 저는 전체 경우의 수가 4라고 생각해요. 왜냐하면, 500원짜리 동전에는 앞면, 뒷면 두 가지 경우의 수가 있고, 100원짜리 동전에서도 앞면, 뒷면 두 가지 경우가 있어요. 따라서 두 동전을 던져서 나오는 총 경우의 수는 $2 \times 2 = 4$가 되요. 그러면 두 동전 모두 앞면이 나오는 확률은 $\frac{1}{4}$이 되는데요."

오호~ 토토가 구한 값과 도로시가 구한 값이 차이가 나는구나. 누가 맞게 구한 것인지 살펴볼까?

수학적 확률을 구할 때 주의해야 할 점은 '각 경우가 일어날 가능성이 같아야 한다' 라는 것을 앞에서 배웠지. 토토는 나타날 수 있는 각 경우를

(두 개 다 앞면), (두 개 다 뒷면), (앞면 뒷면이 하나씩)

이렇게 나타냈는데, 이것을 (500원짜리 동전, 100원짜리 동전)
으로 표현해 보도록 하자. 그러면,

   (앞면, 앞면), <u>(앞면, 뒷면), (뒷면, 앞면)</u>, (뒷면, 뒷면)

으로 나타나지.

  토토는

     <u>(앞면, 뒷면), (뒷면, 앞면)</u>을 <u>(앞면 뒷면이 하나씩)</u>

으로 본 것이란다. 즉, 토토가 나타낸 모든 경우

    (두 개 다 앞면), (두 개 다 뒷면), (앞면 뒷면이 하나씩)

은 나타날 가능성이 모두 같아야 한다는 확률 계산의 전제 조건
에 위배되는 것이지.

  "아······ 어려워요······."

  음······. 이게 어렵게 느껴진다면······. 이렇게 생각해 보자. 앞
에서 도로시가 계산한 방법을 살펴보면, 빨강 주사위에서 나올
경우의 수와 파랑 주사위에서 나올 경우의 수를 곱한 전체 경우
의 수를 2×2로 구했지. 그래서 두 주사위가 모두 앞면이 나올
확률을 $\dfrac{1}{2 \times 2}$로 계산했다.

  이것을 $\dfrac{1}{2 \times 2} = \dfrac{1}{2} \times \dfrac{1}{2}$로 생각해 보자. 즉 빨강 주사위에서
앞면이 나올 확률에 파랑 주사위에서 앞면이 나올 확률을 곱한

것과 같지.

지금까지의 공식을 식으로 정리해 보면

사건 A, B가 서로 영향을 끼치지 않는 경우,

사건 A와 B가 동시에 일어날 확률은

(사건 A가 일어날 확률)×(사건 B가 일어날 확률)

이 된단다. 여기서 사건 A와 사건 B가 동시에 일어난다는 것은 두 사건이 모두 다 일어난다는 뜻이란다.

어디, 우리 토토, 지난 사회시험 성적표 아직 안 나왔지? 그 시험 성적이 100점일 확률을 구해 볼까?

"아…… 선생님……. 사실, 공부를 하나도 못 해서요……. 20문제 모두 문제도 안 보고 답안지에 찍었어요."

하하, 사회시험이 모두 오지선다 객관식이라고 했지? 자, 1번 문제를 찍어서 맞힐 확률은 얼마일까?

"그건 알아요! 5개의 보기 중에 정답은 하나이고 제가 고를 수 있는 경우의 수는 5개니까, 아무거나 답한 것이 정답일 확률은 $\frac{1}{5}$이에요. 헤~~"

그럼, 1번 문제도 맞고 2번 문제도 맞을 확률은?

"2번 문제가 맞을 확률도 $\frac{1}{5}$일 테니까……. 1번도 맞고, 2번도 맞을 확률은 $\frac{1}{5} \times \frac{1}{5}$이겠네요."

옳지. 잘했다. 그럼 20문제 모두 맞을 확률은?

"$\frac{1}{5}$을 스무 번 곱하면 되겠네요. $\frac{1}{5} \times \frac{1}{5} \times \frac{1}{5} \times \cdots \times \frac{1}{5} = \frac{1}{5^{20}}$. 헉……."

값을 알 수 없을 정도로 작은 확률이지? 공부를 안 하고 백점을 맞는다는 건 거의 불가능한 일이란다.

큰 수의 법칙

잠시 쉬는 시간에 토토가 무엇인가를 골똘히 생각하고 있습니다. 늘 하던 것처럼 엉뚱한 생각을 할 때와 다른 점은 주사위를 앞에 놓고 뚫어져라 쳐다보고 있다는 것이었습니다.

"선생님~ 확률을 수학적으로 계산하는 방법을 배웠잖아요. 그 방법에 따르면 주사위를 던졌을 때 1이 나올 확률은 $\frac{1}{6}$이 되고요, 또 1이라는 눈이 나올 '가능성'이 $\frac{1}{6}$이라는 뜻이고요.

그런데요……, 두 번째 시간에 실험을 통해서 확률을 구하는 방법도 배웠잖아요. 수학적으로 계산해 낸 것과 실험을 통해서 구한 것이 모두 옳다면, 주사위를 6번 던졌을 때 1의 눈은 꼭 한 번 나타나야 하는 것 아닌가요?

지금은 주사위를 6번 던졌는데요, 1이 두 번이나 나타났어요. 그럼 1이 나올 확률은 $\frac{2}{6} = \frac{1}{3}$이 되어야 하잖아요. 아…… 왜 이렇죠?"

하하, 토토야! 그렇게 의문을 갖고 문제를 스스로 해결해 보려고 하는 것은 수학을 대하는 아주 중요한 자세란다. 이제 토토가 수학을 아주 잘하게 될 날도 멀지 않은 것 같은데~!

흠…… 수학적으로 구한 것과 실험을 통해서 얻어낸 값이 다르다……. 그런데, 토토가 한 가지 잊은 것이 있구나. 그것은 실험을 통해서 가능성, 즉 확률을 알기 위해서는 시행을 아주 많이 해야 한다는 것이지. 토토가 주사위를 던지는 횟수가 많아지면 많아질수록 $\dfrac{1의\ 눈이\ 나온\ 횟수}{주사위를\ 던진\ 총\ 횟수}$ 의 값은 어떤 값에 가까워진단다.

만약 이 주사위가 완벽한 주사위라면, 즉 각 면이 나올 가능성이 완전히 동일한 주사위라면, $\dfrac{1의\ 눈이\ 나온\ 횟수}{주사위를\ 던진\ 총\ 횟수}$ 는 $\dfrac{1}{6}$에 가까워지게 될 거야.

이것은 또 이렇게 생각할 수도 있단다. 처음에 데프사 왕국에서 동물뼈로 만든 주사위 기억나지? 울퉁불퉁한 주사위라 각 면이 나올 확률이 같지 않지. 이럴 때 각 면이 나올 확률을 구하려면 아주 많은 횟수를 직접 시행해 보는 수밖에 없지.

그렇게 해서 구한 어떤 면의 확률이 0.001이라고 하자. 아주 작은 확률이지. 내가 이번에 이 주사위를 던지는데, 그렇다면 그 면이 나오리라고 기대할 수 있을까? 아마 돈을 걸고 내기하는 사람은 없을 거다. 아주 큰돈을 주지 않는 이상.

그런데, 주사위를 아주 많이 던지면 그런 적은 확률의 사건도 일어나게 되어 있단다. 그 면의 확률이 0.001이라고 구했다는 것은 만 번을 던졌다면 10번이나 나왔다는 얘기니까.

내가 살던 당시에는 확률에 대한 개념이 거의 없었지. 그것을 수학이라고 여기지도 않았고. 나는 《게임의 확률이론》이라는 책을 썼는데, 그 속에서 '확률이 작은 사건도 언젠가는 반드시 일어난다' 는 점을 주장했지.

그러니까, 너희들도 어떤 일에 도전하기도 전에 가능성이 없어 보인다고 포기하면 안 된다. 가능성이 아주 낮은 일이라도 계속 도전하다 보면 언젠가는 성공하게 되니 말이다.

사실, 이 세상에서 벌어지는 많은 일들은 주사위와는 다르단다. 예측 불가능일 뿐더러 각 사건이 일어날 가능성을 같게 만든다는 것도 힘든 일이고……. 그렇지만 확률을 통해서 앞날을 예측하는 것은 수학만이 할 수 있고, 수학으로 해내야 하는 일이지.

예를 들어, 농구선수의 자유투를 다시 한 번 생각해 보자. 샤킬 이라는 선수가 내일 경기를 치러야 하는데 과연 내일 자유투를 얼마나 성공시킬 수 있을까를 알아내려면, 샤킬의 자유투 성공률을 살펴야 하지. 하지만 샤킬의 자유투가 성공할 확률을 단박에 구해줄 주사위는 없단다. 지난날의 샤킬의 경기를 살펴봐야 하는 거지.

그런데, 어떤 경기를 치렀더라도 내일 샤킬이 치러야 하는 경기와 똑같은 조건의 경기는 없지. 내일의 컨디션이며, 상대팀의 선수 개개인의 컨디션이며, 경기장의 상황, 응원석의 상황 등 등……. 하지만 그렇게 따지다 보면 정작 우리가 알고 싶었던 샤킬의 자유투 실력을 알아낼 수가 없어.

그래서 어느 정도 선에서 타협을 하고 지난날의 경기 결과를 살펴 자유투 성공률을 구한단다. 샤킬이 신인이라 치룬 경기가 별로 없다면, 샤킬의 자유투 성공률을 구해도 그것이 샤킬의 자유투 성공률이라고 믿기 어렵겠지. 그런데 샤킬이 아주 경력이 오랜 선수라면, 그동안의 다양한 조건에서 벌어진 많은 경기 속에서 비교적 정확한 자유투 성공률을 구할 수 있단다. 보통은 '지난 시즌의 자유투 성공률', '통산 자유투 성공률' 등으로 어떤 자료를 토대로 확률을 구했는지를 명시하곤 한단다.

지난번 토토와 전학 온 친구의 자유투 대결 기억나니? 우리가 알고 싶어한 것은 '내일 치러질 자유투 시합에서 누가 더 잘 던질 것인가' 였지. 그리고 그간의 자료, 혹은 실험을 토대로 두 사람의 자유투 성공률을 구했어. 그 친구는 60%, 토토는 20%.

그런데, 성공률을 구할 때 참고했던 지난날의 경기나 실험은 그 어느 것도 내일 치러질 경기와 완전히 똑같은 조건은 없었단다. 하지만 우리는 '내일 경기의 조건이 앞에 치러진 조건과 같다면' 이라는 가정 하에 내일의 자유투 성공률의 예측했지.

"선생님, 그건 엉터리 결과가 아닌가요?"

그래, 그렇게 생각할 수도 있지만, 우리가 궁금해 했던 것은 토토와 그 친구 중 누가 내일 승자가 될 사람인가를 예측하는 것이었어. 조건이 다르므로 조건에 맞지 않는 자료를 하나씩 제거시켜 나가면, 정작 내일 누가 이길 것인가를 예측할 수 없지. 우리는 최대한 내일 조건과 비슷한 조건에 있는 가능한 한 많은 자료를 얻어야 최대한 정확한 성공률을 알아낼 수 있단다.

비록 우리가 다음 날 치러질 경기와 완전히 똑같은 조건의 자료를 이용하지는 않았지만, 그 친구가 토토보다 월등히 나은 실력을 갖고 있다는 것을 알아낼 수 있었지?

수업 정리

❶ 확률의 곱

사건 A, B가 서로 영향을 끼치지 않는 경우,

사건 A와 B가 동시에 일어날 확률은

(사건 A가 일어날 확률)×(사건 B가 일어날 확률)

❷ 큰 수의 법칙

전체 시행횟수가 클수록 시행한 결과는 수학적 확률에 가까워

진다.

오즈의 왕국

각 사건의 확률의 곱을 구하면
전체 사건에서의 확률을 구할 수 있습니다.

다섯 번째 학습 목표

1. 일상생활에서 쓰이는 확률에 대해 알 수 있습니다.

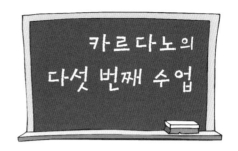

카르다노의
다섯 번째 수업

황금 덩어리를 두고 온 것이 속상한 토토는 집에 온 이후로 한마디도 하지 않고 창밖만 내다보고 있었습니다. 어느덧 날이 어둑어둑해지고 창문 밖에는 깜깜한 하늘만 보였는데도 불구하고 토토는 화가 안 풀렸는지 창밖만 내다보고 있습니다. 도로시도 이제는 켄자스로 돌아가고 싶다는 생각만 가득했습니다.

침대에 앉아 손을 모으고 이번에는 집이 켄자스로 향하게 해 달라는 기도를 막 드리려는 순간, 한마디도 않던 토토가 소리를 질렀습니다.

"저게 뭐야!! 도로시, 뭔가가 우리를 쫓아와!!"

도로시는 동그란 창문으로 뛰어가 밖을 내다보았습니다. 그런데! 깜깜한 하늘에 커다란 괴물 같은 물체가 도로시네 집을 쫓아서 날아오고 있는 것이 보였습니다. 도로시와 토토는 서로를 꼭 껴안았습니다. 괴물은 점차 도로시네 집에 가깝게 날아오고 있었습니다.

"도로시!! 내 이제야 너를 찾게 되었구나!! 가만 두지 않겠다!!"

괴물의 목소리가 도로시의 집 전체를 쩌렁쩌렁 울렸습니다. 무서워하던 도로시와 토토는 서로를 꼭 껴안았습니다. 도무지 알 수가 없는 일이었습니다. 저 괴물은 뭐고 어떻게 도로시를 알고 있는 거지? 그리고 이 깜깜한 하늘에서 도로시를 찾아다녔다니?

괴물은 이제 창문에 얼굴을 붙이고 안을 들여다 볼 정도로 가깝게 다가왔습니다.

"도로시!! 그 안에 숨어 있으면 내가 모를 줄 알고? 이제 넌 죽은 목숨이야!! 으하하하!! 이제야 복수를 하게 되었구나!"

"누, 누구세요! 제가 당신에게 뭘 잘못했나요?"

"날 모른다고? 이 집으로 날 깔아버려서 이렇게 마법의 우주를 헤매게 만들어 놓고는 날 모른다고? 그것도 모자라 수호석을 훔쳐내서 나의 왕국에서 내 마법이 통하지 않도록 만들어 놓고 날 모른다고? 나쁜 것!! 이제 다 소용없다. 어서 밖으로 나오너라."

죽은 줄 알았던 데프사가 이렇게 하늘을 떠돌고 있었다니……. 도로시와 토토는 눈앞이 캄캄해졌습니다. 데프사는 엄청나게 큰 몸집으로 집을 부술 태세였습니다.

마침내, 데프사가 도로시의 집 문을 열고 집안에 손을 집어넣으려 했습니다. 그런데 그 순간, 도로시는 몸이 붕 뜨는 듯한 느낌을 받았습니다. 그리고 소용돌이를 거치는 것 같더니 '쿵' 하고 떨어졌습니다. 정신을 차려 보니, 도로시와 토토는 서로를 껴안은 채 어디엔가 도착해 있었습니다.

"으…… 토토, 어떻게 된 거지?"

"데프사에게서 벗어나려면 이럴 수밖에 없었어. 마법 수신기를 이용해서 이동한 거야. 여긴 아마 카르다노가 있는 마법부일 거야. 급해서 마법 수신기에 행선지를 자세히 입력할 수는 없었고, 카르다노를 보낼 때 입력해 놓은 것에 우리 이름만 넣었어."

그럼, 여기가 오즈왕국이란 말인가?

정신을 차리고 보니, 저쪽 테이블에 카르다노가 보였습니다. 카르다노는 뭔가에 집중하느라 도로시와 토토가 온 것도 알아채지 못하고 있었습니다. 늘 바쁘다고 하시더니 마법부 일을 하고 계시는 듯합니다.

"카르다노 선생님! 저희 왔어요."

카르다노 선생님은 도로시와 토토를 보자 당황해 하시면서 테이블을 치우셨습니다. 테이블 위에는 포커 카드가 널려 있습니다.

"선생님! 저보고 오락한다고 나무라시더니 선생님은 또 포커하고 계셨어요?"

음…… 나는 말이다……, 이 가능성에 대한 연구 때문에 포커를 한 거지, 남들처럼 도박으로 하는 게 아니다. 흠흠, 그나저나 어쩐 일이냐? 도로시가 여기 오는 건 허락을 받아야 할 텐데. 오즈님이 이리로 보내신 거니?

토토는 사정을 설명했습니다. 어쩔 수 없는 선택이었지만, 허락 없이 마법을 사용한 것이 걱정되는 눈치였습니다. 그래서 일단 오즈님께 가서 사정을 말씀드리고 앞으로 어떻게 해야 하는지 지시를 받아 오기로 했습니다.

카르다노는 카드를 하다가 들킨 것이 민망했는지 전에 없이 친절하셨습니다. 혹시나 혼날까봐 걱정하는 토토와 함께 오즈 궁으로 가기로 했을 정도니 말입니다. 마법부를 나서자 투명 유리로 된 엘리베이터가 카르다노 앞으로 날아왔습니다. 엘리베이터에 타고 버튼을 누르자 엘리베이터가 날기 시작했습니다.

데프사가 너희 집을 부수지는 않았는지 걱정이구나. 그나저나 토토, 이번 주말에 왕국축구 챔피언 결정전 있는 거 알고 있니? 너희 요정 팀하고 우리 마법부 팀이 결승에 올랐단다. 도로 시도 모레까지 여기 머물 수 있다면, 같이 보러가자꾸나. 모레 정오에 경기가 있는데, 아마 굉장히 재미있을 거다. 단, 내일하고 모레 비가 오지 않는다면! 왕국의 축구는 경기 전날과 당일에 비가 오지 않아야 경기를 할 수 있거든. 땅이 아주 바싹 말라 있어야 마법이 제대로 통하니까. 어디 보자…….

카르다노가 주문을 외자, 어느새 손에 신문을 들고 있었습니다. 도로시와 토토는 카르다노가 자유자재로 마법을 부리는 것이 신기하기만 했습니다. 카르다노는 일기예보가 나와 있는 곳을 펼쳤습니다.

내일 비 올 가능성이 10%, 모레 비가 올 가능성이 20%. 그럼, 축구경기를 할 가능성은……

도로시는 그간 카르다노에게 배운 실력을 테스트해 보고 싶었습니다.

"제가 계산해 볼게요. 내일 비 올 가능성은 $\frac{1}{10}$이고, 모레 비 올 가능성은 $\frac{2}{10}$이구요. 축구경기를 할 수 있으려면, 내일과 모레 모두 비가 오지 않아야 하잖아요. 내일 비가 오지 않을 가능성은 $1-\frac{1}{10}=\frac{9}{10}$이구요, 모레 비가 오지 않을 가능성은 $1-\frac{2}{10}=\frac{8}{10}$이에요. 그럼, 내일과 모레 모두 비가 오지 않을 가능성은 $\frac{9}{10}\times\frac{8}{10}=\frac{72}{100}$, 즉 72%네요. 축구 경기가 열릴 가능성이 커 보이는데요."

그렇구나. 너희가 그때까지 머물 수 있었으면 좋겠다. 아주 재미있을 거야.

그때, 엘리베이터 밖 저 멀리서 뭔가가 날아오는 것이 보였습니다. 그리고 점점 가까이 날아와 엘리베이터 투명 벽을 통과했습니다. 물체는 종이비행기처럼 생겼고 모두 세 개였으며, 세 사람 각자의 손으로 날아들었습니다. 도로시는 자신의 손에 쥐어진 종이를 펼쳐 보았습니다. 그것은 오즈가 도로시에게 보낸 것이었습니다.

토토와 카르다노도 각자에게로 온 오즈의 쪽지를 읽고 있었습니다.

도로시!
내가 왕국 일로 바빠 일일이 만나볼 시간이 없어서 이렇게 편지를 보낸다. 날 만나러 올 필요는 없다. 너희 집이 무사한 것이 확인되는 대로 집으로 보내 주마. 이곳에 있는 동안 즐겁게 지내길 바란다. 토토와 카르다노가 도와줄 거다.
— 오즈로부터 —

추신: 캔자스로 갈 날도 멀지 않았으니 너무 걱정 말거라.

"휴~ 다행이다. 도로시를 데리고 이곳으로 온 것에 대해서는 별 말씀이 없는데요. 지시가 있을 때까지 여기를 구경시켜 주라는 말씀만."

흠, 나도 그 말뿐인걸. 도로시는 우리 집에서 머무르도록 하자. 도로시를 어디부터 구경시켜 줄까? 난 바쁜 사람…….

카르다노는 자기는 바쁘다고 말하려다가 아까 카드 놀이하다 들킨 일이 생각났는지, 말을 멈추었습니다. 그리고 우선 토토도 오랜만에 집에 들러야 하지 않겠냐면서 엘리베이터의 버튼을 누르자 엘리베이터는 방향을 바꾸어 날기 시작했습니다. 그리고 얼마 지나지 않아 엘리베이터는 땅에 내려왔습니다.

일행은 엘리베이터에서 내려 토토의 집으로 향했습니다. 그런데 집으로 들어가려던 토토는 갑자기 무엇이 생각났는지 카르다노에게 오늘이 목요일이 아닌지 묻더니 마법 수신기로 시간을 확인하고는 어느 가게로 달려갔습니다.

그 가게에는 아이들이 길게 줄을 늘어서 있었습니다. 토토는 주머니에서 두꺼운 종이로 된 딱지 묶음을 꺼냈습니다. 그 딱지에는 사람 사진이 있었는데, 도로시가 첫 번째 딱지를 들여다보자, 털이 덥수룩하게 난 사진 속의 남자가 윙크를 하는 것이었습니다. 토토는 투덜거리며 말했습니다.

"에이, 늦은 게 아닌지 모르겠네. 오늘은 왜 이렇게 줄이 길지? 도로시, 이거 봐라. 오즈 왕국 마법사 캐릭터 카드야. 지금 이 애들은 모두 이 캐릭터 카드가 들어있는 치토링를 사려고 줄을 서 있는 거구. 치토링은 매주 목요일 정오에 판매를 시작하는데, 왕국 전체에서 딱 10000개만 팔기 때문에 줄을 서서 사야만 해.

아, 치토링이 뭐냐고? 치토링은 시금치 맛 과자야. 맛은 별로지. 우리 동네에서는 이 가게에서만 독점적으로 팔고 있고 한 100개 정도 파는 거 같아. 앞에 100명은 넘는 거 같지? 오늘은 유난히 줄이 긴데? 에이, 왕국으로 돌아온 김에 사려고 했는데······.

난 치토링 속에 들어 있는 마법사 캐릭터 카드를 두 가지만 빼고 종류별로 다 모았어. 매주 샀거든. 최고 카드인 황금오즈 카드하고 실버오즈 카드만 없어. 사실, 치토링 회사에서 황금오즈카드는 매주 만 봉지 중에서 한 봉지에만 넣지. 실버오즈 카드는 다섯 봉지에만 넣고. 이 아이들도 아마 황금, 실버오즈 카드 빼곤 다 있을 걸.

　1년 전쯤에는 오즈카드라는 건 없었고, 그냥 오즈 왕국의 다른 마법사 카드만 종류별로 있었지. 그런데, 언젠가부터 황금오즈 카드하고 실버오즈 카드라는 게 생겨서, 이렇게 줄을 사야만 치토링을 살 수 있게 되었어. 목요일 오후 신문 1면에는 황금오즈 카드를 손에 넣은 아이가 나와. 그 아이의 사진을 보면 너무너무 부러워."

　어느덧 정오가 되고 치토링이 판매되기 시작했습니다. 가게 앞에는 '지난 주 황금오즈 카드 판매소'라는 문구가 쓰여 있었습니다. 지난 주에 황금오즈 카드가 든 치토링이 이곳에서 판매되었다는 소식에 다른 마을의 아이들까지 이곳으로 몰려든 것입니다.

　토토는 그 문구를 보자 더욱 흥분했습니다. 아이들은 치토링을 손에 넣자마자 치토링 봉지를 뜯어 카드를 찾았습니다. 그리고 원하는 카드를 찾지 못해 실망한 아이들은 치토링은 먹지도 않은 채 그대로 버렸습니다. 어떤 아이는 눈물을 흘리기도 했습니다. 몇 분 지나지 않아 치토링 판매가 끝났다는 푯말이 붙었고, 토토는 치토링을 살 수 없었습니다.

다음날, 토토의 손에 신문이 날아왔습니다. 1면에는 한 면 전체를 다 차지하는 사진이 실려 있었습니다. 토토는 너무나 부러운 듯이 그 사진을 하염없이 바라보고 있었습니다.

쯧쯧, 내가 그렇게 얘기를 하는데도, 아직도 아이들 돈을 뺏어먹고 있다니…….
"무슨 말씀이세요?"

도로시는 카르다노가 하는 말뜻이 이해가 되지 않았습니다. 카르다노는 토토의 손에 들려 있는 신문을 뺏어서 2면을 펼쳐 주었습니다. 거기에는 카르다노가 기고한 글이 실려 있었습니다.

＊＊＊＊＊
언제까지 치토링 회사의 상술에 놀아날 것인가? 2, 3년 전에 마법사 카드로 반짝 인기를 얻던 치토링 회사는 아이들이 더 이상 마법사 카드에 흥미를 보이지 않아 판매량이 저조해지고 재고가 늘어가자, 황금오즈 카드, 실버오즈 카드라는 것을 만들어 치토링에 넣기 시작했다.

그리고 황금오즈 카드를 손에 넣은 아이 사진을 왕국 신문 1면에 싣고 있다. 아이들은 황금오즈 카드라는 쓸모가 전혀 없는 종잇조각을 얻기 위해 목요일에는 학교도 가지 않고 새벽부터 가게 앞에 줄을 서고 있다.

수업을 듣지 않는 문제만이 아니다. 치토링 봉지 속에 황금오즈 카드가 없는 것을 안 아이들의 분노는 어떻게 할 것인가. 사회에 대한 배신감을 키우는 이 아이들의 미래는 어떻게 될 것인가.

과연 황금오즈 카드, 아니면 적어도 실버오즈 카드를 손에 넣을 가능성은 얼마나 될까. 판매되는 치토링은 일주일에 10000 봉지이다. 그리고 황금오즈 카드는 그 중 딱 한 봉지에만 들어있다. 아이가 황금오즈 카드가 들어 있는 치토링을 살 가능성은 $\frac{1}{10000}$에 불과하다.

실버오즈 카드라도 손에 넣겠다고? 실버오즈 카드는 전체 10000 봉지 중에 다섯 봉지 속에만 들어있으므로 실버오즈 카드를 손에 넣을 가능성도 $\frac{5}{10000}$밖에 되지 않는다. 아이들은 황금오즈 아니면 실버오즈 카드라도 손에 넣을 수 있지 않을까하는 심정으로 치토링을 사지만, 이 카드들이 든 치토링을 살 가능성은 $\frac{1}{10000}+\frac{5}{10000}=\frac{6}{10000}=0.0006$. 즉 0.06%에 불과한 것이다.

우리 왕국에서는 무작위로 1년에 50명씩을 뽑아 마법 지킴이로 활동한다. 말이 봉사지 밤을 꼴딱 새우는 일을 좋아하는 사람을 본 적이 없다. 하지만, 우리는 별로 걱정하지 않는다. 내가 설마 그 50명 안에 들겠어? 하는 생각에……

그런데, 마법 지킴이로 뽑힐 가능성을 한번 생각해 보자. 지킴이는 50명이고 왕국의 총 인구는 50000명이다. 즉 지킴이로 뽑힐 가능성은 $\frac{50}{50000}=0.001$이다. 거의 뽑힐 가능성이 없다고 믿고 안심하고 있는 그 가능성이 0.001!! 치토링을 사서 적어도 실버오즈 카드를 뽑을 가능성 0.0006은 그 보다 낮은 가능성인 것이다.

＊＊＊＊＊

신문에서 카르다노의 글을 읽은 토토는 아직 미련이 남았는지,

"그래도, 여기는 지난주 황금오즈 카드 치토링 판매소라잖아요. 그럼 가능성이 더 높아져야죠."

라고 말했습니다.

이런 이런……, 그렇지 않단다. 치토링 회사에서 정말 공정하게 무작위로 카드를 집어넣는다면, 이번 주에 특정 상점에서 팔리는 치토링 속에 황금오즈 카드가 들어있을 가능성에 아무 영향을 미치지 않는단다.

"그래도 매주 황금오즈 카드를 갖게 되는 아이가 신문에 나온다고요. 그 아이는 뭐죠?"

그게 바로 치토링 회사에서 노리는 거란다. 괜히 광고비를 쓰면서 신문에 사진을 싣는 게 아니지. 생각해 보거라. 치토링은 매주 어김없이 10000봉지가 팔리고, 그중에 황금오즈 카드는 반드시 들어있지. 그럼, 누군가는 반드시 그 황금오즈 카드를 갖게 된다는 얘기야.

다시 말하면 콕 집어 토토 네가 아니라, 왕국의 누군가가 황금오즈 카드를 손에 넣을 가능성은 1이란다. 그런데, 그게 네 손에 올 가능성은 뭐라고? 그래, $\frac{1}{10000}$이야. 너는 신문에 나온 사진을 보고 네게 올 가능성이 1이라고 착각해서는 안 되지.

카르다노의 설명을 듣는 둥 마는 둥하며 토토는 여전히 1면의 사진을 하염없이 바라보고 있었습니다.

집에 왔다는 즐거움도 잊고 슬픔에 빠져 있는 토토를 집으로 보내고 도로시는 카르다노와 카르다노의 집으로 향했습니다. 삼촌과 시내 구경을 하던 날처럼 카르다노의 손을 꼭 잡고……. 오즈 왕국의 하늘은 그날의 캔자스의 하늘처럼 가지각색의 구름이 가득했습니다.

다음날도 그 다음날도 일기예보 대로 오즈왕국의 날씨는 아주 맑았고, 도로시는 카르다노, 토토와 함께 왕국의 이곳저곳을 구경했습니다. 그날 가게에서 줄을 서 있던 아이들과 마찬가지로 신기하게도 왕국의 모든 사람들이 도로시를 알아봤습니다.

"도로시로구나. 토토랑 여행하느라 힘들지? 곧 소원 성취될 테니까 조금만 참으렴."

토요일 정오가 되자, 카르다노는 토토와 도로시를 데리고 왕국의 축구장으로 갔습니다. 왕국의 축구장에는 왕국의 모든 사람이 모두 모인 듯했습니다. 도로시는 이렇게 큰 축구장을 본 것이 처음이었는데, 사람들로 가득했습니다. 그리고 함성으로 축구장은 떠나갈 듯했습니다. 카르다노와 토토도 각자 자신의 팀을 응원하느라 목이 쉬도록 소리를 질러댔습니다.

이제 곧 경기가 시작하려는지 심판은 양 팀의 주장을 중앙으로 불러 몇 마디를 나누고, 동전을 하늘 높이 던졌습니다. 그리고 동전이 땅에 떨어지자마자 경기는 시작되었습니다.

저건 도로시도 많이 보았겠지? 동전의 양쪽은 나올 가능성이 똑같이 $\frac{1}{2}$이지. 그래서 축구경기에서 누가 먼저 공격을 할 것인가를 공평하게 정하기 위해서 동전을 사용한단다.

경기는 도로시가 생각한 축구와 너무나 달랐습니다. 도로시는 공이 어디에 있는지 찾기조차도 힘들었습니다. 선수들은 온갖 마법을 사용하여 공을 주고받고 가로채면서 양쪽 진영을 오갔기 때문입니다.

날아다니는 전광판에는 양쪽 진영의 전적과 함께 '마법부의 승률 56%, 요정 팀의 승률 44%로 마법부가 약간 우세!' 라고 쓰여 있었습니다.

이제까지 마법부와 요정 팀은 총 100게임을 붙었단다. 그중에 마법부가 56번, 요정 팀은 44번 이겼지. 승률로만 보면 마법부가 약간 유리하지만, 반드시 승률대로 경기가 되는 건 아니란다.

그때였습니다. 휘슬이 울리고 빨간색 카드가 요정 팀 소속 선수 중 한 명의 앞으로 날아갔습니다. 그리고 카드에서 누군가 튀어나와 이 선수가 선수 보호 상 금지되어 있는 마법을 사용했다고 장내에 알렸습니다. 마법부 선수 중 한 명이 페널티킥을 준비하고 전광판이 다시 날아다니며 그 선수의 페널티킥 성공률을 알려주었습니다.

"선생님, 저 선수의 이번시즌 페널티킥 성공률이 80%라네요. 무슨 뜻이죠?"

응. 저 선수는 이번 시즌에서 페널티킥을 총 50번 시도했는데, 그중에 40번을 성공시켰지. 그래서 페널티킥 성공률을 $\frac{40}{50}=0.8$로 계산할 수 있단다. 이 선수가 10번 페널티킥을 차면 8번 정도는 들어갈 것이라 예상 가능하다는 이야기지. 페널티킥을 성공시키려면 골키퍼가 생각지 못하는 마법을 사용해야 해. 골키퍼는 공을 넣는 상대가 어떤 마법을 사용할지 정확히 예측해서 방어해야 하고. 얏호~!!

카르다노가 말하는 도중 마법부 소속의 선수는 눈 깜짝할 사이에 공을 골대 속으로 이동시켰습니다. 골키퍼는 엉뚱한 방어 마법을 사용하였는지, 자신의 팀 선수 전원을 상대팀 골대 속으로 이동시키고 말았습니다. 마법부를 응원하는 함성은 점점 커졌고, 어느덧 전반전이 끝났습니다. 카르다노는 자신의 마법부가 이기고 있어서 기분이 좋아졌는지 매점에 가서 먹을 것을 사주시겠다고 했습니다.

자신의 팀이 지고 있지만, 먹을 것을 사주신다는 말에 기분이 좋아진 토토는 얼른 따라나섰습니다. 아이스크림을 손에 들고 매점을 나서던 도로시는 "오즈 로또 3/6"라고 쓰인 곳에 눈길이 쏠렸습니다.

"저건…… 이 여행을 시작하기 직전에 시장에서 로또를 샀었어요. 그 때문에 소원을 빌게 됐는데, 이젠 저거 당첨되지 않아도 좋아요. 캔자스로 갈 수만 있다면."

축구 경기를 보고 기분이 좋았던 도로시는 캔자스에 남아 계신 삼촌과 숙모 생각에 다시 우울해졌습니다.

오호~ 그렇구나. 그럼 저 로또에 당첨될 가능성을 계산해 봐야겠는걸. 캔자스의 로또는 어떤지 모르겠지만, 왕국의 로또는 당첨 가능성이 아주 높은 편이지. 로또 기계 속에는 1번부터 6번까지 번호가 쓰인 공이 있단다. 로또를 사는 사람은 그중에 3

개의 번호를 고르지. 로또 추첨하는 날 로또 기계 아래에 있는 구멍을 통해서 공이 3개가 나오고, 그 번호를 맞춘 사람은 당첨금을 받게 되어 있단다. 오즈 로또 한 장의 가격은 1브론이고, 당첨되면 3브론을 받게 되지. 당첨 가능성이 높은 만큼 당첨 상금은 그다지 크지 않단다.

"당첨 가능성이 얼마나 되는건데요?"

도로시가 한번 생각해 보려무나. 6개의 공 중에서 3개가 나오는데, 3개의 공이 나오는 경우는 어떤 게 있을까?

"음…… 1, 2, 3번 공이 나올 수 있고, 또 1, 3, 6번 공이 나올 수도 있네요. 헷갈리지 않게 적어 봐야겠어요.

1, 2, 3 / 1, 2, 4 / 1, 2, 5 / 1, 2, 6
1, 3, 4 / 1, 3, 5 / 1, 3, 6
1, 4, 5 / 1, 4, 6
1, 5, 6
2, 3, 4 / 2, 3, 5 / 2, 3, 6
2, 4, 5 / 2, 4, 6
2, 5, 6

3, 4, 5 / 3, 4, 6

3, 5, 6

4, 5, 6

모두 20가지가 생기네요. 그럼, 그중에서 당첨되는 경우는 한 가지일 테니까, 오즈 로또에 당첨될 가능성은 $\frac{1}{20}$이 되겠네요."

거 봐라. 도로시 혼자서도 잘하잖아.

도로시, 오즈 로또는 6개의 공 중에서 3개나 나오기 때문에 당첨 가능성이 높은 거란다. 캔자스에서 네가 산 로또는 훨씬 많은 공 중에서 몇 개를 고르는 것이라 가능성이 훨씬 낮아진 거란다.

"$\frac{1}{20}$이 높은 거라고요? 어휴……. 이것도 굉장히 낮게 느껴지는데요? 저는 상금을 받을 수 있는 확률이 이 정도인 줄 알았다면 로또를 사지 않았을 거예요."

도로시는 괜히 아까운 돈만 날렸다는 생각을 했습니다. 그리고 '로또 때문에 하게 된 여행인데, 무슨 짓을 한 건가…….'라는 생각에 이르렀습니다.

그때, 토토의 마법 수신기가 갑자기 울려댔습니다. 토토는 지금 당장 떠나야 한다고 했습니다. 그리고는 주머니에서 마지막 남은 가루를 주섬주섬 꺼내서 토토와 도로시를 도로시의 집으로 보내는 주문을 외우고 가루를 도로시 머리에 뿌렸습니다. 그리고 토토 자신의 머리 위에도 뿌리려는 순간 마법 수신기가 갑자기 격하게 진동했고, 놀라서 중심을 잃고 넘어진 토토는 자신의 머리 위에 뿌리려던 가루를 공중에 날려버리고 말았습니다. 도로시가 토토에게 뭐라고 말할 새도 없이 도로시는 이곳으로 올 때처럼 소용돌이 속으로 휘말리는 느낌이 들었습니다.

얼마나 지났을까……. 소용돌이 속을 헤매던 도로시가 정신을 차려 보니, 동그란 창을 통해 붉은 노을빛이 도로시의 얼굴에 비치고 있었습니다. 눈부신 햇살 때문에 조금씩 눈을 뜨던 도로시는 너무 놀랐습니다. 숙모와 삼촌이 도로시를 바라보며 빙긋이 웃고 계셨기 때문입니다.

"숙모! 삼촌!! 제가 캔자스로 온 거군요. 너무 죄송해요. 걱정 많이 하셨죠. 얘기를 하자면 너무 길어요. 제가 데프사 왕국, 내기 나라, 오즈 왕국……."

여행 이야기를 하려던 도로시는 주위를 둘러보았습니다. 삼촌과 숙모는 '무슨 이야기를 하는 건지…….'라며 의아해 하는 표정이셨습니다. 그러더니 웃으시며 말씀하셨습니다.

"도로시, 오늘 뭘 하고 놀았기에 저녁도 안돼서 곯아 떨어졌니? 꿈을 꾼 게로구나. 우리는 오늘 아침에 일하러 나갔다가 지금 돌아왔는데. 하하."

"아니에요! 맞아, 토토! 토토가 없어졌잖아요!!"

삼촌과 숙모는 웃으시면서 밖을 가리키셨습니다. 밖에는 강아지 토토가 마당을 이리저리 뛰어다니고 있었습니다. 도로시는 머리를 흔들어 보았습니다. 그동안의 여행이 꿈일 리가 없습니다. 이렇게 생생한데……. 그 때 숙모가 침대를 가리키며 물으셨습니다.

"그나저나, 침대의 그 레이스는 어디서 난거니? 고아원에서 올 때 가져온 거니? 너무 예쁘구나. 집이 다 환해 보여."

뭐가 뭔지 혼란스러워 기억을 더듬던 도로시는 로또 생각이 났습니다. 삼촌께 그날 샀던 로또를 갖고 있으신지 물었습니다. 삼촌은 환하게 웃으시면서 당첨되지 않았다고 하셨습니다.

"로또는 당첨되지 않아도 우리 도로시가 이렇게 즐겁게 해주니 삼촌은 정말 행복한걸."

도로시는 삼촌에게로 달려가 목을 꼭 끌어안았습니다. 그리고 숙모의 품에도 안겨 보았습니다. 진정한 행복이 느껴졌습니다. 숙모, 삼촌과 함께 있는 이 순간은 설사 로또에 당첨되어서 억만장자가 된다고 해도 바꿀 수 없는 행복이란 걸, 도로시는 이제야 알게 되었습니다.

도로시는 그날 밤 동그란 창문으로 보이는 별들을 향해 기도 했습니다. 저기 어디쯤 오즈님이 계시겠지……. 감사합니다. 무엇과도 바꿀 수 없는 이런 행복을 알게 해 주신 오즈님 고맙습니다!!

확률이 정립되기까지

빨강과 파랑 두 개의 주사위를 던졌을 때, 나타날 수 있는 경우의 수는 얼마일까요?

"에이, 이미 가르쳐 주셨잖아요~ 각각의 주사위의 경우의 수가 6가지이니까, $6 \times 6 = 36$ 가지요."

그렇지. 아주 잘하는구나. 그럼, 이제 주사위 세 개를 가져와 볼까? 빨강, 파랑, 노랑 주사위 세 개를 던졌을 때 나타나는 모든 경우의 수는?

"앗, 머릿속이 복잡해져요."

이렇게 생각해 보렴. 빨강 주사위의 눈, 파랑 주사위의 눈, 노랑 주사위의 눈을 차례로 쓴다고 생각해. 예를 들어 빨강 주사위는 3, 파랑 주사위는 4, 노랑 주사위에서는 6이라는 숫자가 나왔다면 (3, 4, 6)으로 적으면 돼.

토토는 종이에 열심히 적기 시작합니다. 하지만 도로시는 골똘히 생각하다가 이렇게 말했습니다.

"빨강 주사위에서 나올 수 있는 숫자는 1부터 6까지 6가지이잖아요. 그 각 6가지에 대해서 파랑 주사위도 6가지의 숫자가 나올 수 있으니까, 일단 빨강과 파랑 주사위로 나타낼 수 있는 모든 경우의 수는 6×6이 되요. 이건 앞에서도 배운 거고요. 이 36가지의 각각 경우에 대해서 노랑 주사위에서 나올 수 있는 6가지 경우가 있으니까요. 세 주사위로 구해지는 모든 경우의 수는 6×6×6＝216가지에요."

아주 잘했다 도로시. 도로시도 이렇게 잘하는 걸 선생님이 살던 시절에는 아무도 몰랐단다. 세 가지 주사위로 나타나는 모든 경우의 수를 56이라고 생각했지. 겉보기 경우의 수만을 헤아렸기 때문이야. 예를 들어 (1, 1, 2)와 (2, 1, 1)이 다르다는 것을 너희들은 모두 아는데, 그 당시의 사람들은 같은 것으로 여겼단다. 이런 시대에는 주사위의 확률을 정확히 구할 수 없었지.

하지만 주사위를 이용한 내기와 도박은 이미 성행했어. 따라서 정확한 승률을 구하는 것은 도박꾼들에게 아주 중요한 문제였단다. 경험이 많은 도박사들은 세 개의 주사위를 던졌을 때 나오는 합이 3일 확률과 4일 확률이 차이가 난다는 것을 어렴풋이 알고 있었어. 하지만, 이 차이가 정확히 얼마나인지를 알고 싶어 했지.

도로시가 말했습니다.

"저는 알 것 같아요. 음……. 세 개의 주사위를 던져서 합이 3이 되는 경우는 (1, 1, 1) 한 가지밖에 없어요. 그런데, 합이 4인 경우는 (1, 1, 2) (1, 2, 1) (2, 1, 1) 세 가지나 있네요. 즉 합이 4일 가능성이 3일 가능성보다 세 배나 많아요."

그래, 아주 잘했다. 나는 그 당시 주사위 세 개를 던졌을 때 나타나는 모든 경우의 수가 56이 아니라 216이라는 것을 알고 있었단다. 확률을 정확히 구하기 위해서는 가능성이 동일한 모든 경우의 수를 아는 것이 중요해. 56이라는 겉보기 경우의 수는 확률을 구하는 데 아무 도움을 주지 못하지.

나보다 후대 사람인 갈릴레오는 《주사위 게임에 관한 소고》라는 책에서 주사위 세 개를 던졌을 때 나오는 모든 경우의 수가 216이라는 것을 자세히 설명하였단다.

"대단한 학자님들께서 너무 작은 문제에 집착하시는 것 아니에요?"

하하, 그렇게 생각할 수도 있겠구나. 하지만 그 시대에는 확률이라는 개념이 완전히 정립되지 않았단다. 당시의 도박사들이 정확한 가능성을 예측하는 것이 아주 중요했고.

사실, 나는 도박광이었단다. 확률을 잘 모르는 사람들 속에서 나처럼 확률을 잘 구할 수 있는 사람이 얼마나 도박에 빠져있었을지 짐작할 수 있겠니? 하지만, 도박은 결코 좋지 못한 습관이란다. 나처럼 확률을 구하는데 천재적인 사람도 결국은 모든 재산을 탕진했으니까 말이야…….

잠시 지난날을 회상하는 듯이 먼 곳을 바라보던 카르다노는 이내 설명을 이어갔습니다.

확률을 최초로 수학적으로 접근한 사람은 바로 나로 여겨진단다. 파스칼과 페르마는 확률의 개념을 수학의 한 분야로 연구하는 계기를 만들어 주었지.

"선생님은 도박광이라고 하셨는데, 파스칼과 페르마도 그랬나요?"

카르다노 선생님은 다소 민망한 듯이 대답하셨습니다.

아니, 그런 건 아니고……. 내 친구들이 도박에 정신이 팔려 있었지. 도박을 좋아하던 '드메레' 라는 사람은

첫 번째 게임 : 주사위 한 개를 4번 던졌을 때,
            6이 적어도 한 번 나오면 이기는 것
두 번째 게임 : 주사위 두 개를 24번 던질 때
            (6, 6)이 적어도 한 번 나오면 이기는 것

중에서 어느 것이 더 유리할까를 파스칼에게 물어보았고, 파스칼은 페르마와 편지를 주고받으며 이 문제를 해결해 주었단다. 너희들이 생각하기에 어느 것이 더 유리해 보이니?
"시간만 주시면 계산할 수 있을 것 같아요. 저희가 배운 내용으로 충분히 계산할 수 있겠는걸요."
맞아. 너희들도 충분히 할 수 있지. 계산이 조금 복잡하니, 계

산기를 이용해 보거라. 첫 번째 게임에서 이길 확률은 $1-\left(\dfrac{5}{6}\right)^4$ 로 계산할 수 있겠지? 이 값은 약 0.517로 $\dfrac{1}{2}$ 보다 크지. 두 번째 게임에서 이길 확률은 $1-\left(\dfrac{35}{36}\right)^{24}$ 로 계산할 수 있고, 이 값은 약 0.491로 $\dfrac{1}{2}$ 보다 작게 나온다. 실제로 이 문제를 의뢰했던 드메레는 첫 번째 게임에서는 이겼고, 두 번째 게임에서는 졌다고 하니, 확률이 이렇게 정확히 들어맞는다는 것도 또한 우연이라는 생각이 드는구나.

파스칼과 페르마는 '상금의 분배 문제' 라는 중요한 문제 해결 방법을 고안하기도 했어. 두 사람이 이길 확률이 $\dfrac{1}{2}$ 인 게임을 하는데, 5판을 먼저 이기면 상금을 가져가기로 했단다. 그런데 불가피한 사정에 의해서 중간에 이 게임을 중단해야 했어. 현재까지 A라는 사람은 4판을 이겼고, B라는 사람은 3판을 이겼단다. 지금까지의 상금을 어떻게 나눠 가지면 좋을까?

"A가 4판을 이겼으니까, A가 다 가져가요! 아니면, 그냥 4:3으로 가지면 되는 거 아닌가요?"

토토가 마치 자기가 A라고 된 것처럼 큰 소리로 말했습니다. 곰곰이 고민하던 도로시도 한마디 합니다.

"A는 5판이 되기 위해서 한 판만 더 이기면 되고, B는 두 판을 더 이겨야 하는 상황이었잖아요. 그러니까 상금을 2:1로 나눠 가지면 좋을 것 같은데요."

이 문제는 13세기부터 내려왔단다. 상금을 어떻게 나눠야 하는지 사람들은 두고두고 토론을 했었지. 마침내 파스칼과 페르마는 다음과 같은 해결책을 내놓았단다.

만약 게임이 계속되었다면 어떤 결과들이 있을 수 있었을까? 모든 경우를 다 나열해 보도록 하자.

1) A승 → A승
2) A승 → B승
3) B승 → A승
4) B승 → B승

이 네 가지 중에서 B가 이기는 경우는 4)번 밖에 없으므로, A가 3:1로 우세하고 상금은 3:1로 나누어 갖도록 한다는 것이지.

이는 지난 시간에 배운 확률의 곱을 이용해서 생각할 수 있어. 게임을 계속했다면 B가 상금을 받을 확률은 얼마일지 생각해 보자고. 이번 판에서 A가 이기면 A는 다섯 판을 이긴 것이니까 상금을 가져가겠지. 따라서 이번 판에서 무조건 B가 이겨야 돼. 이제 B는 네 판을 이겼지. 그 다음에도 A가 이기면 A는 다섯 판을 이긴 것이고 그러면 A가 상금을 타니까, B가 이겨야 해.

즉 B가 상금을 타기 위해서는 B는 내리 두 판을 연속 이겨야 하는 거지. 따라서 B가 상금을 탈 확률은 $\frac{1}{2} \times \frac{1}{2} = \frac{1}{4}$가 되지. 그럼 A가 상금을 탈 확률은 $1 - \frac{1}{4} = \frac{3}{4}$가 되고, A와 B는 상금을 탈 확률이 $\frac{3}{4} : \frac{1}{4} = 3:1$이 되는 거란다.

"그 유명한 파스칼과 페르마 선생님이 연구하셨다는데, 그러기에는 결론이 너무 소박한 것 아닌가요?"

지금의 너희들은 확률 계산법을 이미 배웠으니까 그렇게 생각할 수도 있겠지. 하지만 '가능한 경우를 모두 나열한다' 는 확률 계산의 기본 정의가 정립되는 데에는 긴 시간이 걸렸단다.

도박의 심리

"선생님~ 선생님은 도박광이셨다고 하셨잖아요. 돈도 많이 잃으셨고요."

음……. 그 얘기는 왜 또 꺼내는 거냐. 그래. 난 이렇게 확률 계산을 잘하는데도…… 아니, 그렇기 때문에 도박에 더 빠졌는지도 모르겠구나. 사실, 확률의 발달은 앞에서도 이야기했듯이 도박에서 출발했단다. 나도 도박을 더 잘하기 위해서 연구했고, 본격적으로 수학적 연구 분야로 정립했다고 하는 파스칼과 패르마도 도박에 빠진 친구 때문에 연구를 시작했지.

하지만, 확률 연구에 공로를 세웠다고 해서 도박이 면죄부를 받을 수는 없단다. 도박 자체를 가까이 하면 안 되지. 확률 계산을 잘하는 나조차도 돈을 잃는 경우가 많거든. 도박장에 가면 도박장 어느 곳에선가 대박이 났다고 소리를 지르는 걸 듣곤 한단다. 그러면, '아, 나도 곧 큰돈을 딸 거야' 라는 생각을 하게 되지.

도박을 하고 있는 사람의 생각은 어린아이들 같아서, 한번 돈을 따면 또 따게 될 거라든가, 이제까지 못 땄으니까 이번에는 될 거라고 생각하게 된단다. 그런데 이건 큰 오류라는 걸 너희는 알고 있지.

"맞아요. 이전에 주사위의 3의 눈이 나왔다고 해서 이번에 3이 나올 확률이 높아진다든가 낮아진다든가 하는 일은 없으니까요."

그래, 확률은 기억력이 없단다.

복권도 마찬가지야. 복권을 사는 누군가는 1등이 되게 되어 있지. 하지만, 누군가 1등이 된다는 확률을 내가 1등이 될 거란 확률과 혼동해서는 안 된단다. 사실 내가 바라는 일의 확률을 실제보다 크게 생각하는 것은 많은 사람들이 오류를 범하고 있는 부분이지. 우리는 경품 응모를 하고는 꼭 내가 저 자동차를 탈 것만 같은 기분이 들곤 한단다. 그래서 필요도 없는 물건을 사기도 하고.

내가 바라는 일의 확률을 냉철하게 계산할 줄 아는 능력! 그것이 더욱 너희들에게 필요한 점이란다.

다섯번째
수업 정리

❶ 우리 주변에서 벌어지는 수많은 일들을 예측하고 판단할 때 확률을 이용할 수 있습니다. 확률은 날씨, 경품, 스포츠, 복권 등 많은 분야에서 활용되고 있습니다.

❷ 확률론은 도박을 연구하는 과정에서 시작되었습니다.